王仁湘◎著

文物·图像·历史系列

味中味

味蕾上的历史记忆

WEIZHONGWEI WEILEISHANG DE LISHI JIYI

四川出版集团

四川人民出版社

图书在版编目（CIP）数据

味中味：味蕾上的历史记忆 / 王仁湘著. —成都：
四川人民出版社，2013.9（2017.9重印）
ISBN 978-7-220-08882-7

Ⅰ.①味… Ⅱ.①王… Ⅲ.①饮食 - 文化 - 中国
Ⅳ.①TS971

中国版本图书馆CIP数据核字（2013）第134531号

味中味：味蕾上的历史记忆
WEIZHONGWEI WEILEI SHANG DE LISHI JIYI

王仁湘 著

责任编辑	周 颖
装帧设计	杨 潮
责任校对	何秀兰
责任印制	李 剑 孔凌凌
出版发行	四川出版集团（成都槐树街2号） 四川人民出版社
网 址	http://www.scpph.com http://www.booksss.com.cn E-mail:scrmcbsf@mail.sc.cninfo.net
防盗版 举报电话	（028）86259524
制 作	四川胜翔数码印务设计有限公司
印 刷	北京龙跃印务有限公司
成品尺寸	170mm×240mm
印 张	12
字 数	200千字
版 次	2013年9月第1版
印 次	2017年9月第3次印刷
书 号	ISBN 978-7-220-08882-7
定 价	39.00元

《中庸》说"人莫不饮食也，鲜能知味也"，在每日的饮食中，味中有味，深层次的体味是有难度的。

个中三昧，在于个体的体验，在于群体的记忆。味蕾上的记忆，是一种最深刻的记忆，这种记忆体现了深厚的时空传统。

味中味...
味蕾上的历史记忆

目录

食，得于地，得于天，得于自然，更得于人。食，得于本土，得于外域，得于东西南北的交流与融汇。

往我们的餐桌上看一看，分辨一下哪些食物为本土原产，哪些又是外来的滋味？

味中味
味蕾上的历史记忆

炊烟袅袅······························103

　　烹饪之法，为人界的独创与独享。种种烹饪之法，是科学与文化进步的原动力。

　　炊烟升起，不仅仅是食欲获得了希望，也是历史延续的希望。更何况，我们还有"治大国若烹小鲜"的感觉，庖厨可真的不可小觑。

味中味

味蕾上的历史记忆

 酒茶之间 ··· 149

茶与酒，天赐人造，刚柔相济。
茶与酒，是冤家，也是亲朋。你是偏爱，还是兼爱？

代序
知味与至味

食物的甜酸苦辣咸五味，可称为原味。我们一般的人，要分辨出这五原味并不困难，但要达到较高层次的辨味水平，成为古人说的"知味者"，就不那么容易了，这也就是《中庸》所说的"人莫不饮食也，鲜能知味也"的意思。谁都需要饮食，天天都离不开饮食，却很少有人能达到"知味"的境界。

中国古代的知味者，见于记载的并不多；不知味的人，文献上却能寻到不少。《淮南子·修务训》讲过这样一个故事：楚人有一天宰了一只猴子，煮好以后请邻居来共餐。邻居吃起这猴羹来，觉得特别鲜美，以为是狗肉。吃饱以后他才知道，那并不是狗肉而是猴肉，顿时趴在地上吐了个干净，这是一个不知味的典型例子。又据宋人《萍州可谈》说，岭南地区吃蛇肉，市面上有不少蛇餐馆，苏东坡谪贬惠州，曾买过蛇羹与他的妾共餐。妾只当是美味海鲜吃了下去，吃完后听说是蛇肉，当时也吐了出来，而且因此病卧数月，一命归天。不识味而赔上性命，这例子倒不多见。

古代善于品尝滋味的知味者，比较著名的是春秋时代的易牙和师旷。易牙是齐桓公的膳夫，《吕氏春秋·精谕》说他能尝出两条江里不同的水味，能分辨出水来自哪条江。师旷是晋平公的一位盲人乐师，有一次他吃御膳，尝出做饭用的柴火是"劳薪"（破旧木器），晋平公一问，果然厨子烧饭时用的是旧车

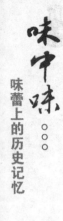
轴。端起饭碗一尝，就知道是用什么柴火炊成，味觉也实在太敏感了。据《晋书》记载，西晋时的尚书令荀勖，也有同师旷不相上下的辨味本领，他在一次陪侍晋武帝吃饭时，也尝出那饭是劳薪炊成，结果证实当时烧的是一个破车轮子，与宴者都非常佩服荀尚书的明识。

史籍记载的最杰出的知味者，当数晋代的苻朗。苻朗是前秦自称"大秦天王"的苻坚的侄子，苻坚很喜欢他，称他为"千里驹"。苻朗降晋后，官拜员外散骑侍郎，他精于辨味，在当时名声极大。据《晋书·苻坚载记》说，有人请苻朗吃炖鸡，他还没吃几口，就尝出那鸡是露天的而不是圈在笼里养大的。还有一次吃烧鹅，苻朗竟能指点出盘中鹅哪儿长的是黑毛，哪儿是白毛。开始别人不大相信，以为他也太玄乎了，后来有人专为他宰了一只杂毛鹅，将毛色不同的部位仔细做了记号，结果苻朗很准确地判断出了不同毛色的部位，而且"无毫厘之差"。苻朗是根据味觉作出判断的，他是一位了不起的美食家，假如没有长久的经验积累，是很难达到这个高度的。

知味是一种境界，是饮食的最高境界，是味觉审美的高境界。古代的中国人，正是将知味看作是一种境界，一种只有少数人才能达到的境界。我们一般人只知五原味，这同只知三原色或七声音阶一样，我们不是画家，也不是音乐家，所以也算不上是知味者。当然，我们也没有必要非得达到这样高的境界，只要在懂得五原味以外，再能辨出更多一些的复合味型也就满足了。

什么样的味道才是美味？这个问题好像没有确定的答案，因为各人的爱好与体验是不同的，美味不会有统一的标准。你喜爱辛辣，他喜爱酸甜，人们对五味的感受程度有明显的不同。

其实美味的体验与经历和经验有着紧密的联系，首先是要会辨味。同是猪肉，一盘是野猪肉，一盘是家猪肉，只要一对比，味道是有区别的，但如果不细心咀嚼，也许不一定能体味出什么区别。不仅猪肉如此，其他同一类动物家味与野味也都是有区别的，清人李渔对分辨家味和野味很有经验，他能找到味道不同的原因所在，他在《闲情偶记》里说："野味之逊于家味者，以其不能尽肥；家味之逊于野味者，以其不能有香也。家味之肥，肥于不自觅食而安享其成；野味之香，香于草木为家而行止自若。"同样是饲养的鸡，出自农家小院的与出自机械化鸡场的，味道又有不同，小院的不及鸡场的肥，鸡场的又不及小院的香，这是因为饲养的方式与饲料不同。这样的区别一般人还是能体味出来的，不过达到这个层度还不能算是知味者。

一般的人都会有这样的经历，特别渴的时候，喝凉开水都会觉得甘甜非常，特别饿的时候，吃什么都会觉得味美适口。这样的时候，人对滋味的感知会发生明显的偏差，正如孟子所说："饥者甘食，渴者甘饮，是未得饮食之正也，饥渴害之也。"（《孟子·尽心下》）

"人莫不饮食也，鲜能知味也。"看来《中庸》上的这句话，应当说是千真万确的。知味者不仅善辨味，而且善取味，不以五味偏胜，而以淡中求至味。明代陈继儒的《养生肤语》说：有的人"日常所养，惟赖五味，若过多偏胜，则五脏偏重，不惟不得养，且以戕生矣。试以真味尝之，如五谷，如菽麦，如瓜果，味皆淡，此可见天地养人之本意，至味皆在淡中。今人务为浓厚者，殆失其味之正邪?古人称'鲜能知味'，不知其味之淡耳。"照这说法，以淡味和本味为至味，便是知味了。又见明代陆树声《清署笔谈》也说："都下庖制食物，凡鹅鸭鸡豕类，用料物炮炙，气味辛酽，已失本然之味。夫五味主淡，淡则味真。昔人偶断羞食淡饭者曰'今日方知真味，向来几为舌本所瞒'"。

以淡味真味为至味，以尚淡为知味，这是古时的一种追求，各代都有许多这样的人。《老子·六十三章》所谓的"为无为，事无事，味无味"，以无味即是味，也是崇尚清淡、以淡味为至味的表现。

什么味最美？并不是所有人都以清淡为美的，古人有"食无定味，适口者珍"的说法，也是一种很有代表性的味觉审美理论。这道理大体是不错的，但不一定可以放之四海而皆准。有人本来吃的是美味，但心理上却不接受，吃起来很香，吃完却要吐个干净；有些本来味道不美的食物，有人却觉得很好，吃起来津津有味，觉得回味无穷。这里有一个心理承受能力的问题，味觉感受并不仅限于口受，不限于舌面上味蕾的感受，大脑的感受才是更高层次的体验。如果只限于口舌的辨味，恐怕还不算是真正的知味者。真正的知味应当是超越动物本能的味觉审美，如果追求一般的味感乐趣，那与猫爱鱼腥和蜂喜花香，也就没有本质区别了。

如果要谈一个例子的话，那臭豆腐是最能说明问题的了。对于臭豆腐，有的人体验是闻起来臭而吃起来香，有的人不仅绝不吃它，而且讨厌闻它。食物本来以香为美，这里却有了以臭为美的事，实在不容易解释清楚。鲁彦的《食味杂记》说，宁波人爱吃腐败的臭不可闻的咸菜，他也是爱好者之一，"觉得这种臭气中分明有比芝兰还香的气息，有比肥肉鲜鱼还美的味道"。咀嚼的是腐臭，感受到的却是清香。我们可以用传统和习惯来解释这种现象，但这种解释显然不够，那么这传统与习惯形成的原因又是什么呢？

这是一种境界，可以看作是饮食的最高境界，一种味觉审美的高境界。古代的中国人把精味看作是一种传统，却可以把知味看作是一种境界。历代的厨师，高明者，身怀绝技者，大概都可以算是知味者，他们是美味的炮制者。但知味者绝不仅仅限于庖厨者这个狭小的人群，而存在于更大范围的食客之中，历代的美食家都是知味者。《淮南子·说山训》中有下面一段话，讲的便是这个意思："喜武非侠也，喜文非儒也；好方非医也，好马非驵也；知音非瞽也，知味非庖也。"对药方感兴趣的不是医生，而是病人。对骏马喜爱的并不是喂马人，而是骑手。真正的知音者不是乐师，真正的知味者也不是庖丁，而是听众，是食客。

壹

食来有自

食，得于地，得于天，得于自然，更得于人。食，得于本土，得于外域，得于东西南北的交流与融汇。

往我们的餐桌上看一看，分辨一下哪些食物为本土原产，哪些又是外来的滋味？

◎饥饿的猎人：有700亿从地球上走过

人类的生计，大约可以区分为五种形态，它们出现的时段不同，从早到晚依次是采集和狩猎、初级农业、畜牧业、精耕农业和工业。除采集狩猎为向自然索取食物外，其他四种谋生方式都是高一个级别的食物生产。环境决定着人类的谋生方式，人类生存环境在不同时期的变化，使得人类的谋生方式会发生一定的改变，或主要取一种谋生方式，或兼取两种与多种方式。

"人类不是生来就清白无罪的"，为了说明人类早期的狩猎生活内容，有的人类学家在他们的著作中曾发出过这样的感叹。还有的人类学家甚至做出过这样的形象比喻：原始人类生活的整个更新世，不断沿着一条石头和骨头的踪迹前进，石头就是人类的武器，而骨头则是人类的庖厨垃圾。人们用石头作武器，猎取各种动物为食，维持自己的生存。考古学家也正是从那些以百万年计的庖厨垃圾中，获得了远古狩猎者的许多信息。

最早的人类是从动物群中走出来的，虽然不再与动物为伍，为了生存与发展，却依然要与动物同行，他们要从动物身上吸取相当部分的能量，这使得他们一代一代地成为了狩猎者，用动物的血肉强壮自己的体魄。先民最早的经常性的生产活动，是通过采集和狩猎获取食

雕塑：旧石器时代的狩猎者

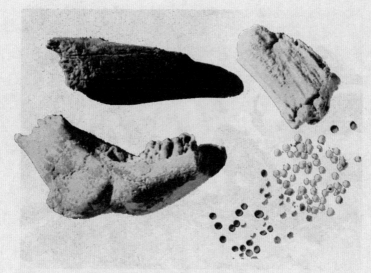

北京人洞穴发现的烧骨和朴树子

物。对男子而言，他们每个人都是勇敢的猎人。有人曾作过这样的估算：从古到今在地球上生活过的人有800亿之众，700亿以上的人为狩猎兼采集者。

有的古人类学家认为，人类在开始发明石器工具以后，突然得到了以前无法得到的食物。这样，他们不仅能扩大他们的觅食范围，而且也增加了成功地生育后代的机会。生殖过程是一种消耗很大的事情，扩大膳食包括肉类，会使生殖过程更加安全。肉食对史前人类是如此的重要，对生殖繁衍，对体质进化，都有非常重要的作用。恩格斯曾指出，肉食在人类形成过程中具有重要意义，肉类有丰富

的营养，它缩短了消化过程，有效地保存了人的精力与活力，对大脑的发育也产生了重要影响。肉食还引起了两个有巨大意义的进步，即火的使用与动物的驯养。

早期人类的进化对肉类的需求很高，特别是脑的发育，脑量的增加需要靠提高能量供应来实现，肉类是热量、蛋白质和脂肪的集中来源，只有在食物中提高肉类的比例，早期人类才可能形成超过南方古猿的脑量。

在山西芮城的西侯度旧石器时代早期遗址，发现了生活在180万年前的西侯度人制作的打制石器，还有带有切割痕迹的鹿角和烧烤过的动物骨骼等，不少兽类的头骨因敲骨吸髓被砸

北京人用火图

碎。西侯度人使用粗糙的石器猎获各种动物，将猎物烧烤后作为自己的食物。所见的动物骨骼鉴定出的种属主要有鸵鸟、兔、纳玛象、野猪、鹿、披毛犀、野牛和羚羊等，它们中的大部分应当都是西侯度人的猎获物。在云南的元谋人遗址，也发现了许多哺乳动物肢骨化石的碎片和烧骨，表明元谋人的食谱主要是由他们中的猎人建立起来的。元谋狩猎者的猎获物较重要的有野猪、水牛、马、剑齿象、豪猪和各种鹿类，以食草类动物为主。在陕西蓝田人遗址见到的动物化石有三门马、大熊猫、野猪、斑鹿、剑齿象、剑齿虎、中国貘、爪兽和兔等，多数应是当时人们享用后的遗

物。

在北京人的洞穴里，发现大量大大小小的哺乳动物化石，原本都是主人们的猎获物，其中鹿类化石的个体多达3000头，也许是北京人独有的嗜好决定鹿类为主要狩猎目标，也许是当时附近生活的鹿类太多的缘故，也许是捕猎鹿类较为便利。不过，鹿类行动迅捷，捕获是非常不容易的，有的人类学家认为史前人类捕获鹿类的有效方法是没命的追赶，美洲印第安人追赶鹿群时，追得它精疲力竭而倒地，那鹿的蹄子都完全磨掉了，由此可见猎人们的韧力，想象一下为获得猎物他们付出的体能该有多大！

◎ 食鳄先民

在以农作物栽培为主要标志的新石器时代到来之后，人类在农耕的同时，也驯养家畜和进行渔猎生产活动，用以增加食物储备。考古发掘表明，渔猎生产在新石器时代的经济生活中占有举足轻重的地位。渔猎的对象有水中游的、陆上跑的和天上飞的，凡是能够充作食物的动物，都曾是史前先民猎取的目标。凶猛的扬子鳄也曾是史前人捕猎的对象之一，它一度成为人们的鼎中大餐，成为人们的果腹之物。

中国东部地区的一些新石器时代遗址，相继发掘出土过扬子鳄遗骸。1973年，在浙江余姚河姆渡文化遗址发现扬子鳄完整颌骨两块和残破颌骨30多块，还有肱骨和股骨24根及牙齿数枚。对这么重要的发现，当时并不曾有研究者给予应有的评价。也许是因为出土地点在南方，没有什么值得大惊小怪的。

史前扬子鳄遗骸的发现被重视，还是它在北方地区的新石器时代遗址出土之后。黄河下游地区的山东境内，在大汶口和龙山文化的多处遗址中，都曾发掘到扬子鳄遗骸，这些地点主要有滕县北辛、兖州王因、泰安大汶口、泗水尹家城、临朐西朱封等处。

1959年发掘泰安大汶口墓地时，在10号墓中发现了84枚方形小骨板，鉴定者认为它很接近扬子鳄前腹的鳞板。由于这是北方地区的首例发掘，鉴定时未能得出肯定的结论。当时推测如果那真是鳄鱼遗骸的话，不排除

扬子鳄

它是由南方交换得来的，因为扬子鳄在北方难于生存。

1976年至1978年在对兖州王因遗址的大规模发掘中，分别在11个庖厨垃圾坑中发现了扬子鳄残骸，有些骨板遗留有烧烤痕迹，与其他兽骨、鳖甲、贝壳等弃置在一起。后来的科学鉴定表明，王因发掘的扬子鳄残骸有头骨、下颌骨、牙齿和不同部位的骨板，至少分属于20个个体。这些扬子鳄体长有的在1.5米以上，有的不足1米，分属不同的年龄等级。

王因遗址数量如此多的扬子鳄遗

骸的发现，具有十分重要的意义。这个发现告诉我们，在距今6000年前的黄河下游地区，曾有扬子鳄生存，表明当时的气候较现代要温暖湿润，当地有水草丰茂的宽阔水域。大汶口居民将扬子鳄就地捕杀后，剥皮食肉，然后将鳞下骨板及其他残骸一起抛弃。王因垃圾坑中埋藏的，正是这样的食余遗存。这使我们又想起河姆渡和大汶口等遗址的发现来，我们完全有理由认定：河姆渡人和大汶口人都曾是捕鳄者，都是食鳄人。

扬子鳄为中国特产，现代种生存

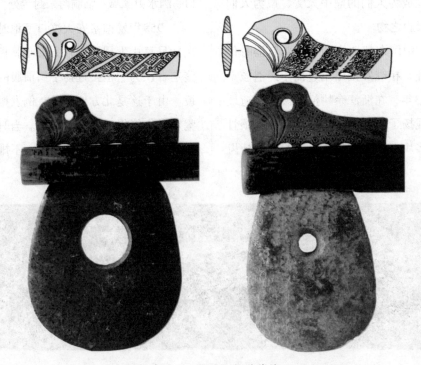

良渚文化石钺及鳄首装饰

于长江中下游地区。鳄肉可食，有人说味似犬肉。古代有人拿它作上等佳肴，南人嫁娶必食其肉。鳄还可入药，主治湿气恶疮及妇科病症。古时捕鳄方法很多，刘向《新序》提到钓射之法，宋代沈括《梦溪笔谈》中也提及以猪肉钓鳄的方法，也有的古籍说以烤犬肉为上饵。李时珍《本草纲目》述及土穴钓鳄之法，其他还有矿灰呛杀之法等，不一而足。我们推测，史前先民捕鳄可能主要采用的是钩钓方法。考古发掘曾见到一种曲尺形鹿角钩，状如靴形，被称为"靴形器"。它有锋利的尖锋，柄部刻槽钻孔用以系钓缆，钩弯处有绳孔用于系饵。发现这种钓钩的新石器时代遗址大都分布在东部地区，出土鳄骨的河姆渡、北辛等遗址都发现了鹿角钩。许多钓钩都是作为随葬品埋入墓中的，墓主人几乎全为成年男子，说明钓鳄的营生是由男子去干的，也只有男子才干得了。

我们找到了史前先民烧烤过的扬子鳄残骸，又确认了他们捕鳄所用的钓钩，可以确信史前时代一定有食鳄人存在，他们生活在长江黄河下游地区，生存的时代可早到距今7000年前。史前先民也是不得已才想办法捕鳄的，他们要寻觅所有能填饱肚子的食物。果如庄子所说，史前真是饱吃饱喝不犯愁的话，那人们又何必去和凶猛可怕的扬子鳄打交道呢？

黄河下游地区数千年来自然环境已发生很大变化，早已不是扬子鳄栖息地。现代扬子鳄仅在长江中下游一带可以看到，而且已经列为禁止捕杀的珍贵动物。它已不再是南方人婚筵上的必备佳肴，它的味道是否那么珍美，也只有古人知道，只有史前先民知道。

◎农业文明：新石器时代的风景

旧石器时代狩猎者的传统毫无疑问地延续到了新石器时代。早期新石器文化的面貌呈现有相当强烈的狩猎采集经济色彩，虽然农业与家畜养殖均已出现，但人类食谱中的肉食来源仍然还要依靠狩猎。到了新石器时代中期以后，饲养业有了进一步发展，家畜在人类肉食中的比重有了明显增加，不过狩猎还在发挥着一定作用。

谷物作为比较稳固的食物来源以后，人类并没有一变而为完全的素食者，他们时常还要想起品尝肉食的美味，他们还想让某些动物能充当自己的食物，于是就发明了家畜养殖业。

据有些研究者的结论，家畜的起源似乎还要早于农耕出现的时代。例如人类最先驯养的狗，驯养者是猎人而不是农夫，猎人们养狗是为了让它充当狩猎时的助手。也有人说，是农耕的出现才使家畜的驯养成为可能。有一种理论认为，种植业的发明可能是家畜养殖的需要，当初的收获物都是用于动物的饲养，后来逐渐培育成功食用谷物，作为人类自己的食粮。

家畜的驯养，据研究大体经过了拘禁驯化、野外放养与定居放牧几个阶段，或者用散放、放牧和圈养作为家畜驯养的三种不同形式。有些研究者认为驯化家畜有一定的模式，有幼畜隔离模式，还有阉割雄畜模式。其实动物的本性千差万别，它们的驯化不可能采用同样的模式。中国新石器时代较早驯化的家畜是狗，狗的祖先是狼，由凶狠的狼驯化为忠诚的狗，显然是猎手们的功劳。猎人们围猎和追猎的最好助手，就是他们精心培育的狗。在中国发掘的多数新石器时代遗址中，都见到了狗的遗骸，最早的年代为距今7000～8000年，属磁山、裴李岗和河姆渡文化。仰韶文化遗址所见狗头骨较小，据研究应是体格中等的猎狗。狗骨在一般遗址中出土的数量很少，表明它没有被大量饲养，多数情况下应是作猎狗使用的。

在史前从事农耕的部落中，最重要的家畜是猪。家猪驯化的年代可能与狗大体同时，中国新石器时代遗址普遍出土了它的骨骸。河北徐水南庄

半坡文化粟米遗存（陕西西安）

头遗址出土了距今1万年前的家猪遗骸，仰韶文化和河姆渡文化居民都饲养有家猪。许多文化共同体的居民都有用猪作随葬品的习俗，人们食猪肉，用猪作举行祭奠时献给神灵的供品。如大汶口文化居民，常以猪头和猪下颌作随葬品，有时一座墓中出土多块猪下颌骨。

中国史前南北方的家畜品种也存在一定的差异，南北新石器时代居民都饲养狗和猪，而且都是以猪为主要养殖对象，区别在南方有水牛，北方有鸡，都有7000年以上的驯化历史。过去曾以为中国家鸡是自印度引种的，而考古学家在磁山文化遗址中发现了家鸡的骨殖。南方的彭头山文化遗址发现了家水牛的骨骸，目前还不能判别是肉牛还是役牛。在江苏吴江梅堰遗址出土了7具完整的水牛头骨，附近太湖流域的其他遗址也都见到不少的水牛遗骸。

仰韶居民饲养的家畜，由出土的动物骨骼鉴定，主要有猪和狗两种，此外还有鸡、羊和黄牛。家猪骨骸发现的数量不多，个体也较小。从姜寨遗址的资料看，家猪半数的死亡年龄在1～1.5岁之间，83%都没有长到2足岁。

在山东滕州北辛遗址，在一些窖穴的底部有动物粪便层，这种窖穴应当就是圈养牲畜的圈栏，年代有7000年。浙江余姚河姆渡遗址也见到两座小型家畜栅栏遗迹，西安半坡遗址有较大的牲畜圈栏遗迹。在临潼姜寨遗址还发现了两座牲畜夜宿场，场上留有几十厘米厚的畜粪堆积，表明仰韶文化居民的家畜饲养有了一定的规模。在山东胶县三里河遗址的一座猪圈栏遗迹的底部，发现了5具完整的小猪遗骸，这座猪圈可能是因为突如其来的原因废弃了。

到了新石器时代末期的龙山文化时代，北方又驯化成功家猫、家山羊与绵羊，可能还有了家马，南方是否同时也有这些家畜尚不十分清楚。

中国古今将传统饲养的家畜统称为"六畜"，指的是马、牛、羊、鸡、犬、豕，农人们不仅盼望五谷丰登，也盼望六畜兴旺。在新石器时代结束之前，传统的六畜都已与人同行，后世的中国人所享用的肉食品种的格局与嗜食习惯，早在数千年前的时代就已形成了。

远古时代农耕技术的发明，有"绿色革命"之喻，许多学者都认为原始农业的出现，是人类认识世界、改造自然的巨大成功，农业的产生与发展是文明出现的首要前提。英国考古学家柴尔德最早作出了这样的论说："食物生产，对食用植物尤其是谷物的自觉栽培，对动物的驯化、饲养和选择，是人类历史上自掌握火以后最伟大的经济革命。"现代美国社会学家阿尔温·托夫勒也对此进行了评价，他在《第三次浪潮》中，将农业的开始作为人类文明史上出现的第一次浪潮，认为那是人类社会的第一个转折点。

农业的出现，是新石器时代到来的又一个最重要标志，它又被考古学家称之为"新石器时代革命"。原始农业的出现，显然并不是突发事件，应当经历了十分漫长的过程，所以有的学者将农业的出现视之为进化而不是革命，也有一定的道理。

关于农业起源的研究，柴尔德的"绿洲理论"说，农业发生在更新世末期一段严重干旱时期，气候危机逼迫人和动物都集中到了环境较好的绿洲上，为了生存，人类被迫学会了培育植物和驯养动物。不过后来的科学考察证明，在更新世末期并没有发生什么灾难性的气候变异，研究者于是创立了一种新的"核心地带"的学说，认为有一种适宜培育植物和驯养动物的核心地带，人类凭借自身的能力与热心，在那里完成了农业革命。另外还有"人口压力理论"，认为是由于自然环境的变迁，传统的狩猎经济已不能满足相对集中人口的需求，农业生产经济就十分自然地出现了。

地球上的最后一次冰期结束之后，气候随之逐渐变暖，在改变了的环境中人类也慢慢改变着生产生活方式，世界各地在流浪中的采集与狩猎者集团，就这样独立发明了各种农业技术。随着环境的变迁和人口的增殖，原有的采集与渔猎之类的攫取经济，越来越不能满足人类生存的需要，生活来源的不稳固，给先民带来了空前的烦恼。寻找新的生活来源，成了愈来愈紧迫的事情。

不适宜做猎手的妇女，在年复一年的采集活动中，对植物的生长规律逐渐有了一些认识。也许是将吃剩的植物籽实扔在住地附近，经历了春雨夏阳秋风，于是出现了发芽、开花、结果的事，人们无数次地观察到完整的植物生长过程，常常收获到无意种出的果实，而且还是一些人们爱吃的果实。也不知经过了多少代人的经验积累，也不知经过了多少难熬的饥饿，终于妇女们开始了最初的种植实验，人类收获到了自己第一次亲手播种培育的果实。许多学者都认定妇女是最早的农人，绿色革命是妇女开创的，是她们将新的生机又带给了人类，就在这样的发现中又迎来了一个新的时代，这就是农耕文化时代。农耕文化的出现，被学者们看作是人类文化与技术进步的结果，而不是生物

新石器遗址出土的稻子（湖南八十垱）

进化的结果。

原始的农耕垦殖方式，经过了由火耕发展到锄耕的过程。中国锄耕农业的出现，应当不会晚于距今八九千年前。这时的农耕活动已有了较大的规模，已培育出了较好的栽培作物品种，收获量一般能满足人们的生活需要，有了一定数量的粮食储备。根据比较精确的统计，全球粮食、经济、蔬菜、果树等作物共有666种之多，起源于中国的有136种，也有的说是170多种。考古学发现的证据表明，中国新石器时代的粮食作物有粟、黍、稻、麦、高粱、薏苡和芝麻，另外还有20多种植物遗存，如油菜、葫芦、甜瓜、大豆、花生等，有的可能也属于栽培作物。

集中体现中国的"绿色革命"的成果，是粟、黍、稻三大谷物的栽培成功。华夏先民最早栽培成功的农作物，主要是粟和稻。由于地理环境的差异，中国原始农业耕作自一开始，就形成了南北两个不同的类型。

长江中下游及南方地区，气候温暖湿润，雨量充沛，古今农作物均以水稻为主。考古学家发掘到大量的史前稻作遗存，时代最早的发现是在长江中下游地区。浙江浦江的上山遗址，年代距今约1万年，发现10余粒炭化稻米，从形态上观察属于栽培稻。在出土陶片的断面上可以观察到残存的稻壳，一些红烧土块内掺杂了大量的炭化稻壳，这说明当时已经开始种植稻谷。

湖南道县玉蟾岩遗址，年代也在距今1万年以上，文化属旧石器向新石器时代的过渡时期，那里发现了目前所知时代最早的稻作遗存。江西万年仙人洞遗址也发现过稻作遗存，年代与此相当。稍晚的湖南地区的彭头山文化，也发现了栽培稻的证据，距今已有9000年以上的历史。经过了不太长的一段时期的发展，到了距今七八千年前的年代，长江流域的水稻栽培已相当普遍，而且已培育成功了粳、籼两个主要品种。籼稻为基本型，粳稻为变异型，两者的差别是栽培环境的温度不同而分化成的。在一些新石器文化遗址，发现了大量的炭化稻壳堆积，有的陶器内还见到残留的大米锅巴，有的陶胎内还见到掺入的稻壳炭粒。在发掘浙江余姚的河姆渡遗址的居住区时，发现堆积厚达1米的大量炭化稻谷、谷壳、稻秆，还发现了稻穗和米粒，计算认定这些稻谷总量在120吨以上，可见当时的产量已相当可观。经鉴定，这些稻谷主要属

栽培稻的籼亚种中晚稻类型，也包括有粳稻。

发现稻作遗存的最南端的新石器遗址，是广东曲江石峡遗址。虽然长江及华南的新石器时代居民是以水稻为主要栽培作物，但近年的一些考古发现却明白无误地证实，史前黄河流域也曾有过一定面积的水稻栽培，再次表明当时的黄河流域可能比今天要湿润温暖一些。黄河流域最早的稻谷遗存发现在河南舞阳贾湖遗址，年代为距今8000年上下。仰韶文化居民也有栽培水稻的经历，陕西华县泉护村发现过类似稻谷的痕迹，河南郑州大河村遗址发现过稻壳痕迹。在龙山时代的豫、陕、鲁地区，都有零星的稻作遗存发现，当时的栽培规模应当不

齐家文化遗址出土的炭化粟

及长江流域。

在气候干燥的黄河流域广大干旱地区,史前农人最早栽培成功的谷物是粟。黄河流域原始农业文化的出现,估计可以早到1万年以前,与长江流域几乎难分高下。黄土高原土壤结构均匀松散,富含肥力,有利于耐旱作物的生长。黄河中游的地理环境,与世界上农业发生最早的西亚地区的扇形地带接近,具备产生早期农业文化的适宜条件。在黄河流域的一些早期新石器遗址里,考古发掘到了明确的旱作谷物粟的证迹,它们是世界上最古老的栽培粟,表明黄河流域是粟的原产地。粟由禾本科的狗尾草培育而成,生长期较短,耐干旱,生长前期要求温度渐高,光照加长,后期要求温度渐低,光照缩短,非常适宜在黄河流域栽培。

数十处新石器遗址发现了粟和黍的遗存,它们主要分布在黄河流域。年代较早的是河北武安磁山遗址,在88座窖穴内发现的粟与黍的堆积据测算有近10万公斤之多。作为仰韶文化主要分布地带的原始农耕技术出现以后,经过3000年以上的发展,到仰韶文化时期已经比较成熟。仰韶居民农作物主要品种是粟。在西安半坡遗址数座房址中的陶器内,都发现过碳化的粟。

黍,又称为糜子,脱粒后为黄米。它的生育期较短,喜温暖耐干旱,耐盐碱,耕作技术要求不高,适宜于北方种植。黍的遗存已发现了十几处,多分布在北方地区。甘肃秦安大地湾遗址的发现年代最早,有了不下8000年的历史。辽河区域的兴隆洼文化也发现了8000多年黍的遗存,有研究者认为那里可能最先培育成功了黍。黍的栽培年代可能同粟一样古老,最初的种植规模可能也不小。

北方地区稍晚栽培成功的谷物还有小麦和高粱,近些年的考古发现越来越清楚地表明了这一点。人类最初将野麦草驯化为一粒系小麦,再与拟山羊草杂交产生二粒系小麦,后来又与方穗山羊草杂交成为普通小麦。也有研究认为,小麦最早在西亚栽培成功,后来远道传入中国。甘肃民乐的东灰山新石器时代遗址出土了栽培小麦数百粒,年代为距今5000年前;陕西武功的赵家来龙山文化遗址出土的烧土块上,见到了小麦秆的印痕。中国小麦可能最早是在西部高原培植成功或引进,估计在距今5000年前引种到了黄河中游地区,但种植似乎并不十分普遍。

高粱性喜温暖,抗旱耐涝。一般认为高粱最先在赤道非洲栽培成功,史前传入埃及,公元前后传入印度,3～4世纪传入中国西南,迟到元明时代才在全国范围内普遍种植。考古发掘到的证据是，中国新石器时代已有了高粱种植，黄河流域的若干新石器文化晚期遗址都见到了炭化高粱籽粒和皮壳。

除了谷物以外，中国史前时代的其他栽培作物还有一些，如白家村文化的油菜，仰韶文化的芥菜，河姆渡文化的葫芦，良渚文化的瓠瓜、甜瓜、大豆，可能还有花生和芝麻。

我们在古代文献中，得知古人将常见的谷物称为五谷或百谷，主要包括稷（粟）、黍、麦、菽（豆）、稻、麻等。除了麦与麻外，都有了7000年以上的栽培历史。

古时将农耕的发明，归功于传说中的神农氏，说在猎获的动物不足以维持生存时，人们就发明了农具，利用天时地利开始农作物的栽培驯育。古代关于农业起源这样的传说，竟与考古学揭示的"绿色革命"的事实大体吻合。其他存在于少数民族中的神话，也有许多关于谷物栽培起源的传说。考古发现已经证实，中国是世界上农业起源的一个重要的中心地区，在人类文化发展史上占有十分重要的地位。

农耕作为新型的食物生产方式，在地球上出现了数千年之后，除了很少一部分仍然以渔猎经济为生的人群以外，绝大多数的猎人都变成了牧人和农人，农耕文化在一些中心地区起源后，很快就传遍了全世界。

谷物生产从根本上改变了人类的饮食生活，这种比较稳固的经济来源，造成了人类长久的定居，农人的聚落出现了，在环境条件较好的地方人口密度明显增加了，这就必然带来了建筑在农耕基础上的人类文明。有了粮食储备的人类，将过去几乎要全部耗费在寻觅猎物的能量，投入到了许多新的工作中，于是纺织、制陶、冶金术就出现了，文明最终也出现了。

◎新奇滋味：远方传来的诱惑

秦亡汉兴，经过六七十年的休养生息，社会经济逐渐出现大繁荣，至汉武帝时达到极盛阶段。秦朝开拓的统一大业得以完全巩固，中国历史的发展从此始终处于这面大一统的旗帜下。中国文化的发展除了具备统一性，又有了开放性，对域外的经济文化交流，自汉代起开始表现出高度的主动性。这种交流很快便突破了长城关隘，通向遥远的国度，著名的丝绸之路就是最有力的见证。

汉代将玉门关（甘肃敦煌西）、阳关（敦煌西南）以西的中亚西亚以至欧洲，统称为广义上的西域；而天山以南，昆仑山以北，葱岭以东广大的塔里木盆地为狭义的西域，这一带存在的国家有36个之多，先后为汉朝所征服。汉武帝刘彻为了联络西迁的大月氏，以与匈奴周旋，募人出使西域。应募的就是日后大名鼎鼎的探险家张骞。公元前138年，不到30岁的张骞自长安出发，没想到途中被匈奴拘禁十年之久。在那里他为一贵族放牧几百头牛羊，并娶一女奴为妻，生育了孩子。后来得便逃脱，到达大月氏，可大月氏不想与汉朝联盟。张骞不得已走上归途，结果又被匈奴拘禁了一年多，戴着脚镣手铐做苦工。后因匈奴内乱，才脱身回到长安，出发前的一百多人，经过13年的艰难险阻，这时只剩包括他自己在内的两个人了。

这第一次的失败，并没使汉武帝丧失信心。张骞生还，带回来西域各国有关风俗物产的许多信息。于是五年之后，汉武帝又命张骞带领300人的大探险队，每人备马两匹，带牛羊1万头，金帛货物若干，出使乌孙国，同时与大宛、康居、月氏、大夏等国建立了交通关系。后来，又连年派遣使

官到安息（波斯）、身毒（印度）诸国，甚至还派像李广利这样的战将进行武力征伐。文交武攻，不仅将伟大的汉文化输送到遥远的西方，而且从西方也传入了包括佛教在内的宗教、文化、艺术，对中国这个东方古国的精神文化生活产生了深远的影响。由于从西域传入的物产大都与饮食有关，这种交流对人们的物质文化生活也同样产生了深远的影响。虽然在张骞之前，丝绸商队可能早已往来于西域和长安之间，然而那还不算是正式的国际交往。张骞出使西域，在中西文化交流史上具有划时代的意义。

从西域传来的大量物产，使得汉武帝兴奋不已。他命令在都城长安以西的皇家园囿上林苑，修建一座别致的离宫。离宫门前耸立按安息狮子模样雕成的石狮，宫内画有开屏的印度孔雀，燃点着西域香料，摆设着安息的鸵鸟蛋和千涂国的水晶盘等。离宫不远处，栽种着从大宛引进的紫花苜蓿和葡萄。上林苑中还喂养着西域来的狮子、孔雀、大象、骆驼、汗血马等珍禽异兽，完全是一派异国风光。

在汉代从西域传来的物产还有鹊纹芝麻、胡麻、无花果、甜瓜、西瓜、安石榴、绿豆、黄瓜、大葱、胡萝卜、胡蒜、番红花、胡荽、胡桃、酒杯藤，以及玻璃、海西布（呢

敦煌壁画《张骞出使西域图》

绒）、宝石、药剂等，它们不仅丰富了高高在上的统治者的生活，大多也为下层人民带来了实惠，直至今日。所传进的瓜果菜蔬，成了最大众化的副食品。

当然，这些物产也许并不是同时由西域引进的，后人慕张骞之名，将其他汉使的功劳也都统统记在他的账上，也是可以理解的。不过应该提到的是，有些物种在汉代前的中国即已存在，汉代引进的或许只是新的良种而已。如鹊纹芝麻来自大宛，胡麻亦出大宛，为区别于中国大麻，名为胡

麻。事实上，芝麻种子在中国东部的新石器时代良渚文化遗址不止一次地发现过，表明我们本来就有芝麻的原生种。现在的云南地区还有野生芝麻生长，当地居民还采之食用。又如胡桃，即是核桃，在四川的一些旧石器晚期遗址曾有出土，在黄河长江两大流域的早期新石器时代遗址也有发现，在稍晚的新石器时代遗址甚至还见到核桃果做的小玩具。屡次发现核桃证迹，表明这里确为核桃的原产地，汉代所引进的优良品种广泛种植后，逐渐淘汰了原有品种。此外，葡

萄、西瓜、甜瓜也可能在中国都有原产，甜瓜和西瓜种子在良渚文化遗址都曾有出土，它们的栽培早在汉代以前数千年就开始了。汉代引进的只是更优化的品种，所以引起了当时人的重视。

其他几种用于调味的香菜香料，可以确定由西域传来，充实了人们的口味。苜蓿或称光风草、连枝草，可供食用，多用为牲畜的优质饲料。胡荽又称芫荽，别名香菜，有异香，调羹最美。胡蒜即大蒜，较之原有小蒜辛味更为浓烈，也是调味佳品。还有从印度传进的胡椒，也是我们熟知的调味品。

汉代时对异国异地的物产有特别的嗜好，极求远方珍食，并不只限于西域，四海九州，无所不求。据《三辅黄图》所记，汉武帝在元鼎六年（前111年）破南越之后，在长安建起一座扶荔宫，用来栽植从南方所得的奇草异木，其中包括山姜十本、甘蔗十二本，龙眼、荔枝、槟榔、橄榄、千岁子、柑橘各百余本。由于北方气候与南方差异太大，这些植物生长得都不太好，本来有些常绿的果木，到了冬季也枯萎了，很难结出硕果来。要想吃到南方的新鲜果品，还得靠地方的岁贡，靠驿传的递送，邮传者疲毙于道，极为生民之患。

在汉代，喜爱外来滋味的大有人在，也包括帝王在内。史籍记载说，灵帝好微行，不喜欢前呼后拥。他喜爱胡服、胡帐、胡床、胡坐、胡饭、胡箜篌、胡笛、胡舞，京师贵戚也都学着他的样子，一时蔚为风气。灵帝还喜欢亲自驾御四匹白驴拉的车，到皇家苑囿西园兜风，以为一大快事。在西园还开设了一些饮食店，让后宫采女充当店老板，灵帝则穿上商人服装，扮作远道来的客商，到了店中，"采女下酒食，因共饮食，以为戏乐"。灵帝也算得一个风流天子。灵帝和京师权贵喜爱的胡食，主要有胡饼、胡饭等，烹饪方法比较完整地保留在《齐民要术》等书中。

胡饼，按刘熙《释名》的解释，指的是一种形状很大的饼，或者指面上敷有胡麻的饼，在炉中烤成。唐代白居易有一首写胡饼的诗，其中有两句为"胡麻饼样学京都，面脆油香新出炉"，似乎又是指的油煎饼，不论怎么说，其制法应是汉代原来所没有的，属于北方游牧民族或西域人所发明。

胡饭也是一种饼食，并非米饭之类。将酸瓜菹长切成条，再与烤肥肉一起卷在饼中，卷紧后切成二寸长的一节节，吃时佐以醋芹。胡饼和胡饭之所以受到欢迎，主要是味道超过了传统的蒸饼。尤其是未经发酵的蒸饼，没法与胡饼和胡饭媲美。

胡食中的肉食，首推"羌煮貊炙"，具有一套独特的烹饪方法。羌和貊代指古代西北的少数民族，煮和炙指的是具体的烹调技法。羌煮就是煮鹿头肉，选上好的鹿头煮熟、洗净，将皮肉切成两指大小的块。然后将斫碎的猪肉熬成浓汤，加一把葱白和一些姜、橘皮、花椒、醋、盐、豆豉等调好味，将鹿头肉蘸这肉汤吃。貊炙为烤全羊和全猪之类，吃时各人用刀切割，原本是游牧民族惯常的吃法。以烤全猪为例，取尚在吃乳的小肥猪，褪毛洗涤干净，在腹下开小口取出五脏，用茅塞满腹腔，并用柞木棍穿好，用慢火隔远些烤。一面烤一面转动小猪，面面俱烤到。烤时要反复涂上滤过的清酒，不停地抹上鲜猪油或洁净麻油，这样烤好的小猪颜色像琥珀，又像真金，吃到口里，立刻融化，如冰雪一般，汁多肉润，与用其他方法烹制的肉风味迥异。

在胡食的肉食中，还有一种"胡炮肉"，烹法也极别致。用一岁的嫩肥羊，宰杀后立即切成薄片，将羊板油也切细，加上豆豉、盐、碎葱白、生姜、花椒、荜拨、胡椒调味。将羊肚洗净翻过，把切好的肉、油灌进羊肚缝好。在地上掘一个坑，用火烧热后除掉灰与火，将羊肚放入热坑内，再盖上炭火。在上面继续燃火，只需一顿饭工夫就熟了，香美异常。

羌煮貊炙、胡炮肉所采用的烹法，实际是古代少数民族在缺少应有的炊器时不得已所为，从中可以看到史前原始烹饪术的影子。这种从蒙昧时代遗留下来的文化传统，反而为高度发达的文明社会所欣羡、所追求，也真是文化史上的一件怪事。现实生活中常常可以见到将古老传统当作时髦追求的例证，似乎它们也不是单单为了发思古之幽情。这类古为今用的文化回炉现象，一般也不会产生文化的倒退。拿胡炮肉来说，尽管烹饪方法极其原始，但却采用了比较先进的调味手段，这样的美味炮肉，蒙昧时代的人绝不会吃得到。

天子所喜爱的胡食，也是许多显贵们所梦想的。这域外的胡食，不仅指用胡人特有的烹饪方法所制成的美味，有时也指采用原产异域的原料所制成的馔品。尤其是那些具有特别风味的调味品，如胡蒜、胡芹、荜拨、胡麻、胡椒、胡荽等，它们的引进为烹制地道的胡食创造了条件。如还有一种"胡羹"，为羊肉煮的汁，因以葱头、胡荽、安石榴汁调味，故有其名。当然西域调味品的引进也给中原人民的饮食生活带来了新的生机，直接促进了汉代及以后烹调术的发展。

用胡人烹调术制成的胡食受到人们的欢迎，而有些直接从域外传进的美味更是如此，葡萄酒便是其中的一种。葡萄酒有许多优点，如存放期很长，可长达十年而不败。《搜神记》便有"西域有葡萄酒，积年不败，彼俗云：可十年。饮之醉，弥月乃解"的记录，可是汉代的粮食酒却因浓度低而极易酸败。葡萄酒香美醇浓，也是当时的粮食酒所不能比的，魏文帝曹丕《与朝臣诏》曾说葡萄酒让人一闻就会流口水，要是饮一口更是美得不行。汉时帝王及显贵们对葡萄美酒推崇备至，求之不得。可虽有葡萄，却不明酿造方法，直到唐代破高昌，才得其酿法，国中才有了自己酿的葡萄酒。前此帝王所饮，全为西域朝贡和商人从西域运来。汉灵帝时的宦官张让，官至中常侍，封列侯，备受宠信，他对葡萄酒也有特别的嗜好。据传当时有个叫孟他的人，因送了一斛葡萄酒给张让，张让立即委任他为凉州刺史。这里既可窥见汉末的荒政，也可估出葡萄酒的珍贵。

胡食天子汉灵帝政治上极为昏庸，史学家们经常批评他，对他喜爱胡食也进行过指责。《续汉书》的作者便说："灵帝好胡饼，京师皆食胡饼，后董卓拥胡兵破京师之应。"将灵帝的喜爱胡食，说成是汉室灭亡的先兆。董卓之乱，自然绝不是灵帝爱吃胡饼的结果。尽管历史上有许多直接由饮食亡国灭族的例子，对汉代的灭亡却不能作如是观。很明显，汉亡的根本原因在内乱而不在外患。

中国既有勇敢地吸收外来文化的传统，也有抵制外来文化的传统。不仅汉灵帝胡食引起过非议，西晋时掀起的又一次胡食热潮，也引出了同样的责难。晋人干宝的《搜神记》说："胡床、貊盘，翟（同狄）之器也；羌煮、貊炙，翟之食也。自泰始（265~275年）以来，中国尚之。贵人富室，必畜其器；吉享嘉宾，皆以为先。戎翟侵中国之前兆也。"指西晋富贵人家推崇胡器胡食，把它们摆在饮食生活的第一位，如此本末倒置，所以引来了外族的侵略。这如同我们今天要指责吃西餐、穿西服会引来洋人入侵一样，这样的论点根本就站不住脚。

胡食不仅刺激了天子和权贵们的胃口，而且事实上造成了饮食文化的空前交流。这个交流充分体现了汉文明形成发展过程中的多源流特征。这种文化上的兼收并蓄，不论是在明君武帝时代，还是在昏君灵帝时代，汉代都有极突出的表现。不论后人怎么对这两个具有代表性的帝王进行评说，在吸收外来文化这一点上，他们却有着共通之处，而且也并不都只仅仅表现在饮食文化一个方面。汉灵帝虽然政治上极其昏暴，可他不仅在文学艺术上是一个有力的改革者，在饮食生活上也是一个倡导变革的皇帝。

◎引进与融合：番菜、西餐与快餐

对汉族一般居民而言，如果说像清真菜的传播对他们饮食生活还没有产生太大影响，那么从外部传入的一些新的物种，则使明代时的食俗乃至食性都发生了很大变化。这使人们想起明代七下西洋的三保太监郑和，他的功劳与汉时的张骞是可以相提并论的。

郑和本是云南昆阳回族人氏，他的祖父和父亲都曾到过伊斯兰教圣地麦加，这对他后来的出洋产生了很大影响。明初郑和入宫做太监，于永乐三年（1405年）率舰队通使外洋。在以后的28年间，他一共航海七次，途经36国，最远到达非洲东岸和红海海口。他的航海不仅大大扩展了明王朝的外交领域，而且将远国的风俗物产带回到中国。舰队每到一地，都以瓷器、丝绸、铜铁器和金银换取当地特产。

值得提到的是，明代引进的原产美洲的几种物产确实给古今中国人带来了实惠，这就是玉米、甘薯、落花生和辣椒。玉米、甘薯、马铃薯和花生，都属粮食作物，特别是玉米和甘薯，它们至今在中国许多地区还是人们的主粮，尤其是在北方干旱地区。辣椒的引进，对中国烹饪的影响也非常大。中国古代的五味体系中有辛（姜、蒜）而无辣，有了辣椒后，原有的"甘酸苦辛咸"就变成了"甜酸苦辣咸"。辣椒与其他调料配合，又产生出许多新的复合味，大大丰富了中国烹调的味型。如与花椒配成麻辣味，与醋配成酸辣味，与酱配成酱辣味，还可以配成鱼香味等。

农史学家石声汉先生对域外引种作物的名称有定位分析，他说冠以"胡"字的，如胡椒、胡麻（芝麻）、胡瓜（黄瓜）、胡桃（核桃）、胡豆、胡葱（大葱）、胡蒜（大蒜）、胡荽（香菜）、胡萝卜等是果蔬，多为两汉和两晋时由中国西北陆路引入；冠以"番"字的，如番茄、番薯（红薯）、番椒（海椒、辣椒）、番石榴、番木瓜，多为南宋至元明时由"番舶"（外国船只）引入；而冠以"洋"字的，如洋葱、

古之胡饼大概应当是这个样儿

洋姜、洋白菜（卷心菜），还有冠以"西"字的，如西兰花、西葫芦、西芹等等，多是清代乃至近代引入。从这些特别的名称，我们可以大体得知它们传入的时间。

古有胡饼、胡饭、胡羹，今有面包、热狗、肯德基和麦当劳，都属于外来饮食模式。具有现代意义的西餐的输入，是公元17世纪以后的事。西餐的兴起，与西方传教士的到来有关，更与列强的入侵有关。清末时京城和通商口岸已有了西餐馆，称为"番菜馆"。19、20世纪之交，一些关于西餐烹调方法的书籍开始出版，对传统的中国烹饪带来不小的冲击。那时中西烹调方法彼此产生了影响，中菜西做，西菜中做，中国人的食单上有了华洋里脊、西法大虾、铁扒牛肉等菜名，这些便是熔中西烹法为一炉的佳肴。

现代西式快餐的传播，是中外文化交流的必然结果，也是人们生活速率改变的结果。肯德基、麦当劳这些现代胡食之所以适合现代年轻人乃至少儿的口味，除了餐馆提供的质高卫生的食品饮料、清洁舒适的进餐环

各类烹调料，不少是由域外传来。

境、快捷友善的服务态度等这些因素以外，也有我们本身所具有的猎奇心态的驱使。对此有研究者形容为"一场革命性的变迁已经开始席卷大众消费领域"，认为它提供了一种新的餐饮标准，倡导了一种新的消费意识。不能否认，这是西方饮食文化的一次强烈的入侵，将会在一定程度上动摇我们的传统，或者说是修正、丰富我们的传统。中国的快餐（包括冷冻速食）文化也在这种形势下发展起来，以适应社会生活节奏的快速变化。传统的面条、包子和饺子，正在逐渐改

变自己的形象，它们仍然是我们值得依赖的美味盘中餐。

张光直先生在一次演讲中提到，中国饮食文化的发展有五次大突破，一是旧石器时代火的发明，二是新石器时代农业的发明，三是汉代由中亚输入面食，四是明代时美洲农作物的输入，五是当代美国快餐的输入。他将域外文化输入对中国人饮食生活产生的影响看得非常重要，确实是一件很值得回味的事情。中国烹饪在历史上不断融进非传统因素，我们调和的五味也包纳有远国文化的贡献，中国

文化也就因此显得更为博大精深。

由于政府的重视与扶持，各行各业有识之士的努力，中国快餐业迅速实现了市场扩张。在沿海及内陆的一些经济发达地区及旅游城市，快餐已成为出差旅游、商务往来等流动人口和工薪阶层、学生及人们在外就餐的优先选择。

经过多年的实践和探索，中国快餐业发展已能够面向社会提供更广泛的供应服务，经营方式和服务领域不断拓宽。店面形式有连锁店、便餐店、社区店与送餐、外卖、小吃广场等，服务对象以流动人口、外出人口为主向单位后勤与家庭厨房延伸，品种结构有餐饮成品、半成品、快餐食品等等。快餐已成为主食工程、早点工程、餐桌工程、厨房工程的重要内容，快餐内涵更加丰富多样，服务功能不断增强。

为适应人们就餐心态由吃饱向吃好、吃得舒服的转变，中式快餐也在逐渐提高服务水平。中式快餐与洋快餐之间的竞争，中式快餐之间的竞争，也为中式快餐企业的发展创造机遇。中式快餐有巨大的发展潜力，据在北京、上海等五大城市的调查，常吃中式快餐的人数基本是吃洋快餐人数的两倍，这说明中式快餐多样的品味与独特口味，最适合百姓饮食习惯。在各式快餐中，有21%的市民最经常吃的是中式米饭套餐，居于首位，中国人对自己的中式快餐的支持率是巨大的。

与快餐相应发展起来的还有方便食品。随着食品工业的发展，适宜的包装材料和冷冻技术的开发，使得传统食品的方便化，特色菜肴与名特食品的工业化生产成为可能。所谓方便食品，应当指那些能替代或部分替代厨房劳动的食品，它的主要优点是在烹调时可节约时间四分之三以上。

中国的方便食品已有2000多个品种，它们已进入到普通大众的生活中，改变了大众的食物消费结构和营养结构。如挂面和方便面已成为方便食品中的主流产品，面包和机制馒头也都是深受欢迎的方便主食，其他开发的方便主食还有方便米粉、方便米饭、方便粥，速冻饺子、馄饨、包子、汤圆等。熟肉制品中传统的香肠、酱肉、卤肉、烧肉的生产也有很大发展，一些半成品风味菜肴大量出现在超市的货架上。方便蔬菜、方便汤料、方便调料的市场也十分看好，品种和产量都有很大提高。

当然如果比起发达国家来，中国食品的工业化还有一定距离。美国工业食品占92%，日本占82%，而中国还只有30%强。

◎西来美食：小麦

成功培育大米与小米，是东方居民对世界的贡献。而小麦的栽培，则是西方居民的贡献。

小麦是现代农业最重要的粮食作物，小麦栽培面积和总产量均居世界谷物第一位，有三分之一以上人口以小麦为主要食粮，在中国小麦的重要性也仅次于水稻。何炳棣先生说，小麦和大麦尽管原产于西南亚，传入中国又比较晚，但是如同自公元前4000年中期以来在美索不达米亚一样，小麦和大麦在古代中国也是种植在没有灌溉的田里，它们已经适应了中国北方典型的旱作农业制度。从谷子和水稻的土生起源，以及我们的其他证据都清楚地表明了古代东、西方耕作制度的根本区别。他指出的这一点非常重要，麦作技术在中国古代农业中有它与众不同的地区特点和性质，是独立于美索不达米亚发展而成的。关于小麦的种植技术问题，恐怕得留给农学家们去讨论了，我们感兴趣的是东西方耕作技术的区别，小麦在古代中国显然也是借用了同为旱作的粟的种植技术。

一般认为小麦起源于西亚，传入

唐代壁画奉食男

中国后逐步取代粟和黍成为中国北方主要旱作农作物。上个世纪考古发现过一些早期小麦遗存，近些年来植物考古学采用"浮选法"发现了更多的古代小麦遗存，初步约有20余处考古遗址见到了可靠证据，多分布在黄河流域一带，下、中、上游地区都有发现。

根据目前发现的考古出土实物资料分析，小麦传入中国的时间大约是在距今4500～4000年之间。以往以为小麦是西来的，可考古出土小麦遗存的分布却表现为东早西晚、由东向西梯次传播的反方向布局。例如，目前已知的最早的小麦遗存几乎全部出土于中国东部的海岱地区，年代在距今4600～4000年之间；中原地区出土的早期小麦遗存可追溯到二里头文化时期，年代在距今3900～3500年；到了西北地区，除了少数仍在争论中的发现外，其余的出土小麦遗存的年代都没有早过距今3500年。

那么小麦是如何传入中国的，确切地说，究竟是通过哪条路线传入的？

山东大学的靳桂云教授认为西汉以后小麦成为中国北方广大地区主要的粮食作物之一，已知年代最早的小麦遗存是属于龙山时代，她觉得在龙山时代小麦似乎突然在中国黄河流域大范围出现，而且已经是完全培育成熟的小麦，远远脱离了小麦种植活动的初期阶段。陈星灿先生认为"中国小麦自西亚经新疆沿河西走廊传播而来的道路日渐明显"，山东地区多处龙山时代小麦遗存的发现和河南地区二里头与龙山文化小麦遗存的发现，对了解中国小麦起源与传播的途径非常重要，他认为发现表明小麦的种植在黄河上中下游都有差不多4500～5000年的历史，认为最初小麦是由新疆和甘肃传入内地。

小麦自前丝路传入的说法，近年来又有了一些新的改变。赵志军先生以"小麦之路"为题，近年多次论及中国早期小麦的传播过程问题。他说"在中国出土的早期小麦遗存的年代大多在距今3500至4500年之间，这可能就是小麦传入中国的时间"。他还特别指出，目前发现的最早的小麦遗存大多集中在黄河中下游地区，这说明

唐代面食女俑（新疆吐鲁番）

小麦传入中国的途径也许并不是丝绸之路，可能走的是另外一条路线，或几条不同的路线，如通过蒙古草原或沿着南亚和东南亚的海岸线。小麦可能由海上传入，这是一个新的提法。

从事农业史研究的曾雄生先生关注"小麦扩张对于中国本土原产粮食作物和食物习惯的冲击"，他显然接受了有的考古学者的说法，说小麦自出现在中国西北之后，在中国经历了一个由西向东，由北而南的扩张过程，直到唐宋以后才基本上完成了在中国的定位。"小麦扩张挤兑了本土原有的一些粮食作物，也改变了中国人的食物习惯。"

小麦由西北进入到中原地区，其最初的栽培季节和栽培方法与粟一样是春种而秋收，是借用了粟的栽培技术。这正是贾思勰《齐民要术·大小麦》说的"三月种、八月熟"的"旋麦"，也即是春麦。当人们发现小麦的耐寒力强于粟而抗旱力却不及粟时，春季干旱多风的北方并不利于春播小麦的发芽生长，于是发明了秋播夏收的冬麦技术，历史上称为"宿麦"。一些学者注意到冬麦在商代就已经出现，不过依然还是以春麦为多，只是到东周时冬麦的种植面积才有明显扩大。《礼记·月令》说"季春之月……乃为麦祈实"，"仲秋之月……乃劝种麦，毋或失时，其有失时，行罪无疑"，这是东周时期小麦秋种夏收技术存在的一个可信的证明。所以曾雄生评价"冬麦的出现是麦作适应中国自然条件所发生的最大的改变，也是小麦在中国扩张最具有革命意义的一步"。虽然在三北地区，春麦的种植面积在现代也非常可观，但冬麦的出现意义仍然不可低估。

小麦传入后先是沿袭粟的栽培技术，春种秋收。后来改变为上年秋种而下年夏收，真是一个了不得的创造。有了这一个变化，小麦才真正开始服了东方水土，改变了它本来的习性，也就有了向更大范围传播的重要技术基础。

◎馒头的诞生

东汉光武帝刘秀曾在危难中接受过冯异熬的豆粥和樊晔送的烧饼，这使他铭记在心。刘秀在当上皇帝以后，赐给冯异珍宝服饰和钱帛作报答，又设盛宴招待樊晔并赐以乘舆衣物等，还封他做了都尉。刘秀同樊晔开玩笑说，"你一筐子烧饼换了一个都尉，值是不值？"

烧饼即是胡饼，东汉时贵族及平民上下都爱，视为一款美食。后来的灵帝也爱吃胡饼，史载当时"京师皆食胡饼"。中国的特色面食也有不少，除了专利存有争议的面条，我们还有包子、饺子、煎饼和馒头等，平日里享用最多的自然还是馒头。馒头别看是简单的吃食，它的烹制却是技高一筹，要经过发酵和汽蒸，这在历史上都可以看作是高科技的发明。

烧饼之所以称为胡饼，是因为它的发明权属于胡人。制作烧饼和馒头的原料是小麦面粉。史前东方成功培育出粮食作物稻米和小米，作为重要谷物的小麦，原产地其实并不是中国，它是在史前由前丝绸之路传入，在历史时期才逐渐广泛栽培。馒头却是中国建立的面食传统的标志性食物，馒头同面包一起成为一东一西饮食文化的代表性食物。

小麦传入以后种植技术的变改，其实还只是小麦在古代东方生根的一个方面。小麦传播过程中还有另外一个不容忽视的问题，就是食用技术的传承。有一点非常明确，没有合适的加工食用技术作支撑，就得不到可口的麦食制品，小麦也就不会引起更大范围人群的兴趣，这对它的传播也是一个很大的障碍。

蒸和煮，这样的烹调传统在小麦传入前中国早已建立。在古代中国的传说中，谷物最初是用石板烤熟了吃。郑玄注《礼记·礼运》"燔黍捭豚"说，"中古未有釜、甑，释米捭肉，加于烧石之上而食之耳"。说将谷物放在石板上烤熟，虽是一种推测，也在情理之中。《古史考》有黄帝作釜甑之说，并说"黄帝始蒸谷为饭，烹谷为粥"，这都是对古老粒食传统起源的追忆。不论大米小米，采用蒸和煮是合适而又简便的方式，这是8000年之前即已完备的粒食传统方式，先发明的陶釜与后创制的陶甑成为重要的炊器。后来大量出现的鼎和甗，也都是改进了的烹制粥和饭的工具。这其中以甑、甗的发明更有意义，是人类蒸汽能最早的利用，也是使粒食传统越来越巩固的法宝。

后来汉式饼（面）食传统，正是建立在蒸和煮这样的烹调传统之上。小麦的熟食，在古代中国自然离不了蒸和煮，只是小麦直接用蒸煮方法得到的食品，同大米和小米一样，也还是粥与饭，依然维系着粒食方式。小麦的扩张也受到了中国传统饮食习惯的影响，反过来它也影响了中国人的饮食习惯。影响是双向的，新事物与旧有传统的结合，开始是旧有传统为主导，后来新事物会逐渐改变旧传统，催生出新的传统。虽然小麦的食用在很长的时间里都是借用了现成的粒食传统，可是由于小麦粒食的口感远不及大米和小米，这不仅影响了它的传播速度，也影响了它食用价值的体现。

其实在小麦传入之前，大米和小米在中国也有类似于面食的粉食技术，只是那样的粉食一直没有成为主流饮食方式，它只是粒食的补充形式。小麦有可能最初是借用了这种初级粉食技术，逐渐过渡到精细的面食阶段。

小麦面食最重要的技术，是粉碎技术，需要研磨设备。有了合适的磨面设备，小麦的面食才有普及推广的可能。

卫斯先生由考古发现研究石磨的起源，他说磨起初称"硙"，汉代才叫做磨，据《世本》等文献所记的"公输般作硙"推断，圆形石磨的使用在战国早期即已开始，但也有人怀疑《世本》的记述。

圆形石磨分上下两扇，两扇相合，下扇固定，上扇绕轴在下扇上转动。两扇的接触面有"磨膛"，膛的外周有起伏的磨齿。石磨的考古发现，陕西临潼郑庄秦石料加工场遗址有石磨出土。山东青岛发掘出一个碎成三瓣的战国石磨，安徽阜阳双古堆一号汉墓出土了石磨。河北满城汉墓中也有石磨出土，磨扇满布圆窝状磨齿，中心有圆柱形铁轴合套。秦都栎阳出土的秦代石磨仅存上扇，形制与满城石磨相似。圆形石磨的制作在秦汉已经比较成熟，它的使用时间应当可以追溯到战国时期。

磨的发明，有人认为是由石碾发展而来，不过有关碾的发现却没有太早的证据。更早的石碾的发现还没有见于报道，较早的明器陶碾在河南安

汉代石磨

阳隋张盛墓有出土。另有人认为石碾盘是由圆形石磨发展而来，两者的工作原理相似，只是大小区别明显。

圆形石磨和石碾都属于半机械装置，在发明年代上孰先孰后，现在并不易有确定的结论。在更早的时代，谷物加工普遍使用一种磨盘与磨棒配合的工具，在新石器时代有大量发现，考古上通称之为磨盘。这所谓的磨盘，其实是一种碾盘，上面的磨棒不论是长是圆，主要的用力方式是碾而不是磨，并不能使用旋转力。长长的或圆圆的磨棒有一个明显的固定磨面，这是反复碾压形成的磨损面。有的研究者由史前陶车陶轮盘的使用，推测是旋转石磨发明的技术基础，这是很有道理的，不过这还只是属于推论。不论怎么说，旋转石磨真的是一个很伟大的发明，它在没有明显改变的情形下一直使用到现代，即使现代的自动钢磨也都是以石磨工作原理设计的。石磨在有的地方也实现了全自动旋转，还在服务于现代生活。

当面食成为一种新的食物习惯的时候，这种习惯对于小麦扩张的影响，已经将原来的阻力转变为动力。

现在所知最早的石磨，时代并没有早出东周，这可以从两个层面作解。一是更早时代小麦的面食并没有出现，一是小麦的粉碎可能有另外的方式。但另外的方式最有可能的是碾法，早期的碾是小盘平碾，不是后来的大盘轮碾，不可能为面食的普及作出太大的贡献。更重要的是，那个时代小麦的粒食趋势并没有发生根本的改变，麦饭仍然频频出现在人们的餐桌上。

小麦进入古代中国，经历了漫长的汉化过程。这个过程的第一阶段是粒食，第二阶段则为半粒食，第三阶段才进入面食或饼食。小麦在中国的食用传统有借用，也有变改，更有新创，最终达到完善。

先说小麦的粒食与半粒食阶段，代表性的麦食制品是麦饭与碾转。

麦饭与碾转，从古老的小麦粒食故事，我们可以看到麦食汉化的最初形态。以完形麦粒像大小米那样做饭，起初一定是很自然地发生了，中国自古就有的粒食传统，让小麦找到了最简单的熟食方式。

小麦做成麦饭或是麦粥，人们最初享用它的感觉我们并不知道，口感应当不如大小米。不过我们知道在麦饭传到周代以后，贵族们还将它纳入礼食之列，应当也是北方平民的常食之一。王侯们也许将麦饭作为自己的常膳之一，在周王的餐桌上似乎就有麦仁饭。周天子礼食用九鼎八簋，鼎盛肉食而簋盛饭食，八簋分盛八类谷

宋代雕刻推磨图

宋代砖雕驴推磨图（甘肃陇西）

物烹成的饭食。《礼记·内则》列出的饭有八种，曰黍、稷、稻、粱、白黍、黄粱、稰、穛，当为八簋所盛之食。这其中并没有明确包括麦食。但稰与穛有些可疑，郑玄曰："熟获曰稰，生获曰穛"，又有说稰为熟获而生春者，而穛为生获而蒸春者，可能泛指一般谷物。孔颖达《正义》曰："此饭之所载凡有六种，下云白黍，则上黍是黄黍也；下言黄粱，则上粱是白粱也。按《玉藻》：'诸侯朔食四簋：黍、稷、稻、粱'。此则据诸侯，其天子则加以麦、苽为六，但《记》文不载。"他的理解是，天子八饭中必有麦饭，但在《礼记·内则》中却忽略了记述。

郑注《周礼·天官·膳夫》中的六谷为稌、黍、稷、粱、麦、苽，包括了麦。《周礼·天官·食医》曰：掌和王之六食、六饮、六膳、百羞、百酱、八珍之齐。……凡会膳食之宜，牛宜稌，羊宜黍，豕宜稷，犬宜粱，雁宜麦，鱼宜苽。雁宜麦，同样的文字又见于《礼记·内则》。

麦食可以为日常之食，如《礼记·内则》所说，"妇事舅姑，如事父母。……菽、麦、蕡、稻、黍、粱、秫，唯所欲"；又如《礼记·月令》所说，"孟春之月……食麦与羊"。

麦食又可以为祭品，如《礼记·王制》所说："天子社稷皆大牢，诸侯社稷皆少牢。……庶人春荐韭，夏荐麦，秋荐黍，冬荐稻。韭以卵，麦以鱼，黍以豚，稻以雁"；又如《礼记·月令》所说，孟夏之月……农乃登麦，天子乃以彘尝麦，先荐寝庙。是月也，聚畜百药。靡草死，麦秋至；如《仪礼·既夕礼》所说，"筲三，黍、稷、麦"。

小麦烹出的麦饭麦粥，古时还有一个专门的名字：麳。麳，《说文》的解释是"麦甘鬻"，《广韵》说是"麦汁"，《玉篇》说是"煮麦"，《释名》说"煮麦曰麳"。《荀子·富国篇》有"夏日则与之瓜麳"，注麳为煮麦饭。

汉代麦饭在北方仍是常食，上层社会也有吃麦饭的人。《后汉书·冯异传》说，"光武对灶燎衣，异复进麦饭、菟肩"。谢丞《后汉书》说"李固为太尉，常食麦饭"。《急就篇》有一句"饼饵麦饭甘豆羹"，颜师古注"麦饭，磨麦合皮而炊之也。甘豆羹，以洮米泔和小豆而煮之也。一曰以小豆为羹，不以酰酢，其味纯甘，故曰甘豆羹也。麦饭豆羹皆野人农夫之食耳"。

汉以后，麦饭之名在史书中还经常出现。《魏书·卢玄列传》："卢义僖为都官尚书，性清俭，不营财利。虽居显位，每至困乏，麦饭蔬食，然亦甘之也。"《南史·罗研传》描述蜀中理想生活，"家畜五母之鸡，一母之豕，床上有百钱之被，甄中有数升麦饭，虽苏张巧说于前，韩白按剑于后，将不能使一夫为盗，况贪乱乎？"

后代还有文学家歌颂麦饭，如宋苏轼《和子由送将官梁左藏仲通》有"城西忽报故人来，急扫风轩炊麦饭"，陆游《戏咏村居》有"日长处处莺声美，岁乐家家麦饭香"。这景象在清代浙江太湖一带还可看到，立夏日要煮麦豆和糖为麦豆羹。麦豆饭与麦豆羹也是江南地方夏至时节的节食，称为夏至饭。

小麦的粒食还有一些变化，经舂磨成麦屑后，依然是直接煮了吃，依然属于粥饭之类。《三国志·魏书·袁术传》记曹操和袁绍争强，袁绍旗下的袁术在败亡之时粮草不济，曾"问厨下，尚有麦屑三十斛"。这麦屑便是粥料。南北朝齐梁交战，"齐军大馁，杀马驴而食之。……是时（梁军）食尽，调市人馈军，皆是麦屑为饭，以荷叶裹而分给"。类似战例又见于《陈书·孔奂传》记陈武帝决战前，令孔奂"多营麦饭，以荷叶裹之，一宿之间，得数万裹。军人

食之，尽弃其余"。可见麦饭是一种重要的军粮。

最有特色的麦食是碾转，它是半粒食方式的体现。

古代有尝新之礼，麦子是一年中最早成熟的谷物，将熟之时要尝麦。明代人《酌中志》说，"四月取新麦煮熟，剥去芒壳，磨成细条食之，名曰稔转"。清代《帝京岁时纪胜》中，也有"麦青作撵转"的说法。北方人是在夏至日食碾转，因为麦熟季节晚了一些。

新麦稔转，又写作碾转、连展、撵转，取用的是尚未完全成熟的麦穗。《乡言解颐》说，河北农村取雅麦之"将熟含浆者，微炒入磨，下条寸许，以肉丝、王瓜、莴苣拌食之"。取新麦炒或煮都行，风味当不同。

宋代陆游《邻曲》中有"试盘堆连展"诗句，所以有人说这食法起源于宋代。其实这法子可能出现得很早，也许可以早到小麦初传入的年代。前面提到周王享用的穛与稻，其中也许就包括用"生获"的未熟青麦做的最初的碾转。

碾转的食法，其实可以看作是粒食与面食之间的一种过渡形态，是中国式麦片。在青黄不接的时节，青麦正解了燃眉之急，也许是在不得已中发明的一种食法。根据新近的考古发

现，欧洲发现了年代很早的麦片，古代西方在吃面包的同时也没有完全排除小麦的粒食和半粒食方式。

还有一种特别的现象，有了面食，人们还是没有忘记粒食。有了小麦，有了磨，有了面粉之后，居然也还要将面做成饭的样子吃，还美其名曰"面饭"。《齐民要术》引《食经》记有"作𪍾饭法"，是用麦面先干蒸，用冷水和面，将麦面切成粟粒大小，蒸熟筛过，然后再蒸一次便成面饭了。粒食的传统，就是这样左右着面食的发展，面食中总有粒食的影子。名不甚雅的炒疙瘩，有名的羊肉泡馍，也都具有面饭的特点。至于在一些地区还流行的麦饭，其实只不过是用面粉裹了蔬菜蒸来吃，本来就是一道菜而已，却仍然要以"饭"为名，已经有些名不副实了。

麦饭之名实虽然经过千年传承以至延伸到了现代社会中，但适应古中国粒食传统而流行的麦饭，中途又为兴起的饼食方式所根本改变，麦食的汉化又进入了一个新的阶段。

在一些研究者看来，东周时代旋转石磨的出现，拉开了小麦面食时代的序幕。尽管一些中日学者认为真正的面食，而且在文献上有据可查的，是最早见于汉扬雄的《方言》。但其实古代中国面食在小麦出现之前可能

就已经创制成功，近年在青海喇家遗址发现的4000年前的小米面条，让我们改变了原有的认识。其实，喇家发现的应当是中国最古老的饸饹，已经是标准的面食。可以推想，小麦传入很久以后，当周王们还在按照大米小米的粒食方法吃着麦饭的时候，乡间的农妇们早已用饸饹床子为他们的家人做出面条来了。

当然小麦面食时代的开创，与石磨的出现一定有不可分割的联系。有了面粉，将面粉制成面条、馒头、包子之类，用蒸与煮的方法烹熟，所以古时就有了汤饼、笼饼和蒸饼。由汉史游《急就篇》的"饼饵麦饭甘豆羹"，可知汉时小麦粒食与面食的同时并存。

扬雄的《方言》提到了饼，饼是对面食的通称。后来刘熙《释名》更明确地说"饼，并也，溲面使合并也"，同时提到了胡饼、蒸饼、汤饼、索饼等面食名称，而汤饼与索饼便是地道的面片与面条之属，蒸饼则是现代所说的馒头。西晋束皙《饼赋》说，"饼之作也，其来近矣。……或名生于里巷，或法出乎殊俗。"面食的名称在开始时并没有太多讲究，以形状、制法为名是最直接的选择，正如明王三聘《古今事物考》引《杂记》所说，"凡以面为餐

者皆谓之饼，故火烧而食者呼为烧饼，水瀹而食者呼为汤饼，笼蒸而食者呼为蒸饼"。

汉魏时代西域各族的饮食风俗传入中原，称为胡食。胡食中最重要的面食就是烤制的胡饼，应属当今所说的烧饼。东汉后期，出现了一场规模不小的饮食变革浪潮，带头变革的人就是前述的汉灵帝刘宏。

从西域传来的胡食，也为唐人所喜爱。西域胡人在唐代长安经营酒肆与饼店，胡食中自然有胡饼。开元年间开始，富贵人家的肴馔，几乎都是胡食。最流行的胡食是各种类型的小胡饼，特别是带芝麻的蒸饼和油煎饼，特受唐人喜爱。

宋代的两京，南北食风荟萃，各类面馆遍布食肆。宋代时面食花样逐渐增多，《东京梦华录》提到北宋汴京食肆上的面食馆，就有包子、馒头、肉饼、油饼、胡饼店，分茶店经营生软羊面、桐皮面、冷淘、棋子面等。

馒头是中国人代表性的日常之食，也是旧法与新法完善的传统膳食。

面食在中国古代通称饼食，包括面条、馄饨、包子与馒头之类。史上

辽代壁画中的揉面女厨

记录了一些爱吃蒸饼的著名人物，如《晋书·何曾传》说何曾"蒸饼上不坼作十字不食"，他也因为这个理由而被列为豪奢之人。《赵录》说后赵"石虎好食蒸饼，常以干枣胡桃瓤为心蒸之，使坼裂方食"。那时还发明了一种磨车，将石磨安装在车上，车行十里可磨麦一斛。

当发酵技术用于蒸饼以后，这一款采用蒸法制作的面食更受欢迎，也让面食有了更好的普及形式。古代发酵技术最初是用在酿酒工艺上，郑司农注《周礼·醢人》中的酏食，说是"以酒酏为饼"，唐贾公彦疏说"以酒酏为饼，若今之起胶饼"。胶字又写作"教"，通"酵"，所以有人认定酏食是一种发面饼，这也许是发酵技术在面食上最早的应用。

不过保守一点看，发面技术的运用可能没有郑司农说的那么早。《南齐书·礼志上》有"荐宣皇帝面起饼"一语，这面起饼是确定的发面饼，说的是用发面饼做祭品。而《齐民要术·饼法》引《食经》"作饼酵法"，说用酸浆一斗，煎取七升，下粳米一升煮成如粥。这是一种酸浆酵，书中同时还记有一种酒酵法，以白酒煮白米沥浆为酵。这样的酵力度较弱，所以发面时下酵量很大。这样看来，至少南北朝时已经掌握了发面技术，再往前追溯也许可以早到汉末，那偏食的何曾所吃的开花蒸饼，还真可能是发面馒头。

东方蒸饼——馒头，蒸成的面食，是8000年蒸法在面食上的成功运用。

◎ 文明的调味品

盐的发现、制取和开始食用，一定经历了极其漫长的岁月。先民开始种植谷物时就开始寻找盐，以便添加到缺少盐的食物中。也许开始是将海水、咸湖水、盐岩、盐土中自然生成的盐添加到食物中去，发现食物带有咸味比本味更好，这是以盐作调味品的饮食史的开端。

历史进入文明时代，文字记述中开始有了盐的踪迹。在《尚书·禹贡》中，有青州"厥贡盐絺"的记载，夏王朝接受特定地方的贡盐。商王武丁非常欣赏他的相国傅说，将他比为酿酒的酵母、调羹的盐梅，以厨事来比喻治国，他的赞词是"若作酒醴，尔惟曲蘖；若作和羹，尔惟盐梅"。西周时已经把咸味作为"五味"酸、苦、辛、咸、甘之一，并用于医治疾病。周官中有盐人一职，掌管王室百事所用之盐。周代的盐有数品，有刮地而得的苦盐，有熬波而得的散盐，有风卤成的饴盐等。

《吕氏春秋·本味篇》提到调味最美的有大夏之盐，是西北之地所产的池盐，它是王者欲望中的极品。汉代时盐被称为"食肴之将"、"食之急者"、"国之大宝"，盐被当作食味的主味，盐被看成是人是国的命脉之所在。宋代人挂在嘴边的一句话是"开门七件事，柴米油盐酱醋茶"，

那是说如果没有盐，日子就没法过了。

人类很早知道，盐存在于大海之中。浅滩的海水经风吹日晒，因蒸发作用自然结晶生成白花花的盐，生活在海边的古代先民也会很早发现并食用这种天然海盐。陆地是盐的故乡，盐在大陆上几乎无处不在。但是盐并不常常是在人们的眼前，要得到它，还需要寻找。人类寻找盐的最初方式便是跟随动物的脚印，动物最终会走到有盐之地。四川盐源的纳西族，传说是一位牧羊女在牧羊时发现了盐水。牧羊女发现白鹿群在池水边饮

汉画盐井图

汉代"齐盐鲁豉"陶盒

水,她的羊也喜欢饮这池水,她发现池水是咸的,于是人们开始提卤熬盐。在重庆巫溪也传说是猎人在行猎时,见到白鹿在山洞饮泉水,由此发现盐泉。从此人们置锅煎盐,渐渐人烟云集,形成了一个盐镇,这就是后来闻名的宁厂镇。

人类就这样向动物学习,寻找到

了自己所需要的宝藏。人类采盐最早使用的方法是从含盐量高的干涸河床或湖床刮下盐结晶块，后来便发明了较复杂的采盐方法。《天工开物》将盐的来源分作"海、池、井、土、崖、砂石"等六种，发现和食用自然生成的天然海盐、池盐、岩盐、盐泉、土盐等是人类食用盐的开端。

中国古代食盐制作的最早记载，是海盐。内陆的盐湖，由于受干燥气候影响，能够自然生成结晶体状的盐。历史上古老的河东盐池，就是借助风和太阳的蒸发作用，自然生成食盐。井盐出现稍晚，最早出现于战国时期的巴蜀地区，后来西南地区很多地方都有井盐生产。

文明的调味品，咸盐，它不仅翻腾在大海的波涛里，埋藏在大地的岩层里，它也实实在在涌动在我们的生命里。在人类文明中不难咀出咸滋味来，在盐里不仅有历史，还有科学有文化，有文明前行的轨迹，有人类脉搏跳动的回响。盐使文明有滋有味，文明使盐有声有色，盐滋润着人类文明前进的步伐。盐给了生命以激情，给了人类以进化，也给了人类深邃的文化。

◎盐：从火煎到日晒

中国古代制盐工业有着悠久的历史，留下丰厚的工业文化遗产。文物调查和考古发掘发现了许多湮没的制盐工业遗存，它们涉及古代海盐、池盐和井盐生产的方方面面。此外还有一些与食盐运销相关的遗存，也是十分宝贵的文化遗产，这些都是浸润着咸味的历史印记，我们不仅不能忘却，还要好好保护。

煮海晒波

海盐开发很早，最初的生产方法为煎制，古代谓之"煮海为盐"。后人推测古代夙沙部落已经懂得海水制卤之法，得浓卤之后再煎煮成盐。一直到元代以前主要采用的是煎盐法，煎取海盐要经过收集盐料、淋卤和煎炼几个工序。元代时福建地区海盐生产率先采用日晒法，明代晒盐法已广为推行。日晒法生产海盐，工艺流程分为纳潮、制卤、结晶、收盐四大工序。清代海盐生产除滩晒外，还有一种特别的板晒法，在晒板曝卤成盐，流行于浙江一带盐场。

海盐的制取，不论是早期的煎还是后来的晒，一般都是采用盐田制卤，都离不开阳光。只是古代盐田兴废不定，在不断改建扩建的过程中早已没有了踪迹。不过有些特别的遗迹也会留存下来，如海南省洋浦的盐田村，就保留着一处沿用了1000多年的古盐田，农民现在还采用古老的方法晒盐。古盐田紧靠西海岸的洋浦湾，1000多个形态各异的用火山石凿成的石盐槽，大的约2平方米，小的如水盆一般，错落有致地分布在一垄垄的盐田周围，一条条卵石道在盐田纵横，将盐槽、滤池和卤水池连接在一起。

这些盐槽是日晒制盐的特别设备，用经过太阳晒干的海滩泥沙浇上海水过滤，制成卤水，将卤水倒在石槽内晒干而得到盐。盐工在盐田中用多齿耙仔细整理盐泥，横耙竖耙斜耙几遍，使盐泥更松软，为的是让它吸纳更多海水。挑海水浇泥后让太阳晒干，用桄将晒干的盐泥收起来，放在盐田旁边的一个土坑滤池里，再浇灌海水，过滤好的高盐分卤水流进卤水池。最后将卤水倒在石槽内，让大太阳晒上一天，就可以收到白花花的盐。耙泥浇灌、过滤盐泥、日晒卤水三道工序，还有千年没有改变的制盐工具石盐槽、丁耙、桄和刮盐板，成为日晒海盐历史的见证。

盐湖宝藏

远离海岸的中西部地区，分布有一些大大小小盐湖，为古今人们的生活提供了重要的资源。古代最著名的盐湖，是制盐生产历史悠久的山西运城盐湖。尧、舜、禹先后都曾在河东地区建立自己的都城，尧都平阳，舜都蒲坂，禹都安邑，这些都城都建在盐池左近，盐与早期文明有着不解的因缘。

夏人和商人都对晋南保持有浓厚兴趣，主要吸引力可能就是盐池的盐。有学者注意到山西夏县东下冯遗址一座约早商时期建造的夯土城，在城垣西南角建有40多座圆形建筑，分为7行，每行6～7座。这组建筑形制统一，直径850～950厘米，基址为高出周围地面的夯土。这组基址复原为无墙、无门道的木构建筑，地面被十字沟槽分割，空间狭小，不是用作居住的房屋。这组建筑的形状与《天工开物》描绘的古代盐仓相似。经过对房址中采集的土壤标本进行分析，土壤中盐分的浓度非常高，可以确定这些房子是储盐的仓房。

东下冯出土了数量较多的大型陶器蛋形瓮、敛口瓮，这两类器中的一部分可能被用来储藏河东盐池出产的盐。在豫西二里头发现的蛋形瓮和敛口瓮与东下冯的同类器一致，可能意味着河东盐池的盐在这一时期被运到了夏人的统治中心。盐池位于东下冯西南30余公里，发源于中条山的青龙河可将中条山铜矿、东下冯遗址与河东盐池连接起来，经青龙河、涑水、黄河可将铜盐运抵伊洛地区，东下冯扮演了由国家控制的自然资源集散地的角色。

河东盐池地区，大河绕于前，群山阻于后，山谷盘错，沮洳泻卤，并不适宜农业文化的发展，可是却偏偏最先成为孕育中华文化的核心地区。后来春秋诸侯争霸，晋国在晋文公时成为霸主，恐怕与拥有池盐之利不无关系。《左传》记晋大夫言论，说晋地因有盐池，所以"国利君乐"。晋国因盐而强盛，有盐池之利，所以能独霸中原几百年之久。

运城盐池，亦称盐湖、银湖。位于运城市南，中条山下，涑水河畔。盐池所出产的盐，是水卤经日光曝晒而成，颜色洁白，质味醇正。远古时池盐无须人工，每年夏天有从中条山吹来的南风，蒸发盐池中的咸水，风吹日晒，形成盐结晶体。春秋战国时，盐池产的池盐通过一条条盐道被运往四面八方，史称"西出秦陇，南达樊邓，北及燕代，东逾周宋"，扩散到今天的山西、陕西、河南、河北

四省。从汉代起中央政府就在此设置官府管理控制机构"司盐"，实行盐业专卖，从中获得巨大赋税。历代还在盐池周围修筑了不少防护设施，唐有"壕篱"，宋有拦马短墙，明代围绕盐池修建了一圈长约50多公里的禁墙。

禁墙在明代建成后，防止了盗盐走私，保护了盐税，增加了财赋收入。《河东盐法备览》说：由于建成禁墙，运城盐池的盐利收入超过了当时盐利收入很高的两浙、两淮海盐产区。禁墙有助于加强对盐丁的控制，禁墙建成后，百里盐滩成了一个巨大的城堡，很容易对盐丁进行控制。禁墙从草创、建成、维修，前后经历了1000多年。现在禁墙残垣断壁尚存，只是昔日壮观的气势早已不复存在。

河东运城盐池的盐自一问世，就是阳光晒制，没有经过用柴火煎煮的阶段。它早期的生产方式是：天日曝晒，自然结晶，集工捞采。到唐代时运城盐池发明了垦畦浇晒制盐法，运用人工垦地为畦，将卤水灌入畦内，利用日光、风力蒸发晒制成盐，这就是盐田。

除了运城盐池，古代还开发有许多其他盐池，主要分布在今日的宁夏东部、甘肃中部、山西南部、新疆维吾尔族自治区、内蒙古自治区

中部等，规模较大的盐池至少有二十几处。西汉时池盐产地已多达14处。西夏立国西北，池盐遍及祁连山与贺兰山之东西、巴丹吉林沙漠与腾格里沙漠之南北，主要盐池有乌池、白池、细项池、瓦窑池、古朔方池、胡洛池、酒泉福禄池、独登山池、张掖池、武威池、敦煌池、灵州池、会州池、韦州池、西海允谷池、西安州池等。最为著名的是乌池与白池，两池之中，乌池盐产最丰。明清时期，宁夏、新疆、蒙古、山西等地区池盐生产得到持续，但随着海盐、井盐生产的发达以及各地经济联系的加强，池盐在盐业中的地位呈现出逐渐下降的趋势。

卤井取宝

在内陆地区，除了盐湖，古代开发的盐资源还有井盐。四川盆地的盐

四川自贡盐井东源井天车

矿蕴藏量十分丰富，地质储量居全国首位。

四川盆地西南釜溪河畔的自贡，是中国著名的井盐产地。自贡的名字是因盐而得名，它是自流井和贡井两个产盐区的合称。自贡生产井盐的历史可以追溯到公元1世纪的东汉章帝时期，那时四川地区已经有了比较成熟的凿井、提卤和制盐技术，用双手和一些简单的工具就能完成打井制盐的全部过程。古时钻井所用的工具，是受了踏碓的启发，利用足踏的方式带动锉头上下运动，形成冲力击破岩石，一寸一寸将盐井钻到深处。就这样不断改进方法，钻出的盐井越来越深，遍布自贡境内的古盐井有1万多口。北宋时卓筒井的开凿，将盐井技术提升到新的高度。清代自贡超千米深井燊海井的成功开凿，将中国古代钻井技术推向极致。

四川古代的井盐生产，并不仅限于自贡一地。四川盆地许多地方都曾开凿过盐井，在成都附近的蒲江、邛崃两县调查到古代盐井遗迹。在蒲江白云乡盐井沟内发现古盐井、卤水漕运遗迹，窑埂村的灰砂嘴、金华村的金福井、盐井崖、百家井、毛赤井、小王井也发现古代制盐遗迹。在邛崃盐沱村、火井、盐井村等处，都发现有古代制盐遗址。在蒲江一带发现的盐井一般被定在唐代，盐井均开凿在山溪两侧或山崖下，井口大而浅，有的在盐井附近砌蓄卤盐池，或利用溪谷的高低落差架设笕槽向下游盐场输送卤水，盐场内用耐火石构建熬盐炉灶。

在四川成都一带出土了东汉表现井盐生产场景的"盐井画像砖"，画像砖将采卤、输卤、煎烧、运盐完整的井盐生产过程表现出来，为研究当时的井盐生产工艺提供了重要的资料。

◎澜沧江边晒盐女

西藏高原有不少盐湖，那里也有盐井。

在西藏高原东部昌都芒康县盐井镇，系因盐得名，也有久远的制盐历史。澜沧江中段多卤水，沿江筑围积水，自然风干并晾晒成盐。上、下盐井及加达、曲孜卡等村均依澜沧江，江两岸卤水丰富，特别的制盐工艺一直沿用到现代。在澜沧江河岸陡峭的山坡上，用许多木柱子支起一个个平

西藏芒康盐井

台，平台上用泥土和细沙抹平成盐田，每块盐田有七八平方米。圆木柱子支起了一座座的盐田，从山岭望去，就像是一片片闪光的鳞片。卤水在盐田里慢慢蒸发，通常一两天就能晒出盐粒。

盐井是滇藏公路入藏后第一镇，海拔3000米左右，紧依澜沧江。这里以温泉和美味的葡萄酒著称，但使盐井这个偏僻小村保持千年生机的，还是澜沧江边那些能冒出卤水的盐井。

澜沧江中段多卤水，沿江筑围积水，自然风干并晾晒后便是盐。盐业历来受到政府严密控管，对产盐地的争夺往往还是地方争端的起因。《格萨尔王传》之"姜岭大战"（又名保卫盐海）便是发生在这一带。

由于地处滇藏川交汇口的峡谷交通要隘，历史上的盐井在各种地方势力的争夺下数易其主。明代时云南丽江纳西族木氏大土司得到了明王朝的大力护持，率部沿"茶马古道"向北扩张，一举夺得原属四川、西藏地方管辖之地，纳西族随即北迁盐井并在此定居。

盐井分为上盐井和下盐井两部分。下盐井的纳西人和云南丽江一带的纳西族已有很大不同，仅存的只是一些纳西口语和杀猪祭祖等传统节日。这里的纳西人住的是藏式碉房，穿的是藏装，吃的是酥油茶和糌粑，说的也是带纳西口音的藏话，宗教信仰也是藏传佛教，生活习惯与藏族几乎没有什么不同。

和下盐井一沟之隔的上盐井全为藏族，多数人信仰天主教。上盐井教堂据说是由一个名叫丁神父的法国传教士于1855年创建的，天主教堂带有典型的藏式风格，由一个年轻的藏族神父主理，并有几名修女。上盐井的天主教是完全藏语版的，连圣像也是由哈达给围着。

上、下盐井及加达、曲孜卡等村均依澜沧江，江两岸卤水丰富，像泉水一般涌流不竭。

盐井处在横断山脉的碎落地带，虽属高原，却随处可见亚热带风光，金黄的水稻、翠绿的香蕉树点缀着雪山下的景致。沿小路走下江边，临近水面的岸边修起几座高低不同的圆型堡垒式盐井。井口蒸汽腾腾，井周烟雾弥漫。走到井口，只听井下噗噗作响，六七十度的热盐水向上直冒。盐井有深有浅，浅的站在井边就能取水，深的有五六米，要架木梯才能爬下去。

西藏芒康盐井

一条条鲜艳的裙子在盐田上摆来摆去，一张张黝黑的脸颊上闪现着坚毅的目光。

不知道为什么要安排高原女人来干这并不容易的活，风吹日晒的劳作，柔弱的身影在盐田上下不停地穿行。

每天女人们身后背着有大半人高的木桶，数十次地往返于从盐井到盐池的陡坡间。从祖母到母亲，从母亲到女儿，女子要学会这背水的活路。她们每天要背着这沉重的卤水桶，沿陡峭山坡上的简易栈道爬上盐田，在盐田间只有半米来宽的间隙穿行100多次。

清晨时分，井里的卤水最为充盈，女人们早早地就带着简单的干粮，赶到盐田，开始一天的劳作。

她们下到井里，先用1米来高的木桶舀起半桶水，再用桦树皮做的瓢把卤水加满一桶，互相帮助把木桶背在背上。一小块垫子垫在腰上，一根带子勒在肩头，背起五六十斤的木桶就往上走。

澜沧江河岸陡峭的山坡上，用许多木柱子支起一个个平台，平台上用泥土和细沙抹平，这就是盐田，每块盐田有七八平方米。圆木柱子支起了一座座的盐田，从山岭望去，就像是一片片闪光的鳞片。举目仰望，又好似一排排古旧的屋柱房檐。盐田里有

的是浅绿色的卤水，有的已经结出晶莹透亮的一层白盐。日光晒成的是粗盐，这些粗盐背至各家平坦的屋顶进一步晾晒打理后，就可运到外地出售或等候盐商收购。

每年6月到9月，涨潮的澜沧江会淹掉所有的盐田。秋风一起，又是晒盐的好季节。女人把持着盐田上的事务，盐田以外的事，就交给男人了。在盐井，女人只是背水、收盐，男人却要盘算着什么季节盐质最好，能卖上好价钱。男人出去卖盐，每个人赶几匹骡马出门，把盐卖到昌都、察隅或云南去。

盐井的盐田分列在大江两侧，有的产红盐，有的产白盐。红盐与白盐在晒法上没有不同，只是当地泥土的颜色偏红，晒盐的卤水掺杂进少许红土，再加上铺制盐田的泥土也是红的，结出的盐晶就带有红色了。红盐采盐高峰期多在3至5月，又称为桃花盐。

红盐品质不如白盐好，但在藏区却很受欢迎。藏民嗜喝酥油茶，红盐打制出的酥油茶格外红亮，滋味更足。不管是红盐还是白盐，都只有卤水结出的第一层盐是供人食用的，二三道盐是掺在饲料里喂牲口的。

旧时盐民多为"差巴"，差巴自身并不拥有资源，只是在盐田主手中

租用盐田，盐产的三分之二交给主人，余下的食盐还得认捐交税，剩下也就不多了。当盐民们处在奴隶地位的时候，"盐民无盐"，大小二三千块盐田，没有一块属于盐民自己。过去盐民中流传着这样一首歌：

> 盐田像白纸一样铺盖在江边，
> 我却没有一块纸一样的盐田。
> 山顶上积雪有融化的日子，
> 我们却世代忍受痛苦的熬煎。
> 澜沧江的水一日不干，
> 盐民的眼泪就一天擦不完。

这就是昔日盐井盐民的哀叹。为了生存，盐民们才不得不把自己捆绑在这一块块小盐田上。他们常常是光着脚板，泡在冰冷的卤水里，栖身在盐田棚架底下。《盐井县志》中有一首清人所写的诗，对盐民的辛劳表示了感叹：

> 沧江水灏森，中蕴泻盐泉，
> 未识通咸海，翻来喷大川。
> 浮云低霭护，修埂汲兰田，
> 天意怜民苦，随风共日煎。

◎海景奇观：袖珍晒盐场

海南省儋州洋浦海滨的盐田村，村边保留着一个具有1200年历史的古盐田，农民现在还采用古老的方法晒盐。750多亩的古盐田紧靠洋浦湾，数千个形态各异的用火山石凿成的石盐槽，大的约2平方米，小的如水盆一般，就像是一个个大砚台，错落有致地分布在一垄垄的盐田周围，一条条卵石道在盐田纵横，将盐槽、滤池和卤水池连接在一起。

这是一座袖珍晒盐场。

来到这座袖珍晒盐场，当那些如同珍珠般的盐槽出现在我们眼前时，

我们会确信自己看到了世上最美丽的盐田！

尽管对这座盐田的资料并不陌生，也看到过盐田一些相关的摄影图片，但当站立在它的面前时，心头还是感觉到了震惊。这是一幅绝美的历史画图，这里没有莺歌海那样高大的盐山，也不见那宽阔的大盐田，这里却是一座"大珠小珠落银盘"的袖珍晒盐场。

有人说，这里也许是中国最早的一个日晒制盐点。有人说，这里是中国最后一个保留原始日晒制盐方式的

海南儋州古盐田之一

古盐场。这盐场有历史留下的陈迹，也有现代生活的影像，历史与现实在这里交叠在一起。

这真是一道绝妙的风景，一个挨着一个的盐槽，十数个、数十个连成一片片。灰黑色的盐槽，白花花的盐，湛蓝的海，翠绿的仙人掌，真个是美不胜收。

穿行在这珍珠般的石盐槽之间，感觉就好似穿行在时空隧道里，确信自己面对的是一段真实的历史。在这里，我们不仅嗅到了历史咸咸的滋味，还仿佛看到了古代盐工辛勤劳作的身影。

据说这些盐槽是1200多年前一群从福建莆田迁移而来的盐工所造。他们采取日晒的方法，用被太阳晒干的海滩泥沙浇上海水过滤，制成卤水，将卤水倒在石槽内晒干，石槽内留下的便是白花花的盐。

在那个年代，一群盐工为躲避战乱，他们一路南行，渡过琼州海峡，踏上了海南岛。几个谭姓兄弟沿西海岸继续南行，在洋浦半岛停下了脚步。他们本来就是盐工，依然还是准备煮海谋生。在准备起灶煮盐时，

有人发现一片浅滩上的石头上有一些
白花花的盐，盐工们非常高兴，他们
知道这是太阳将海水晒成了盐。过去
他们世代煮海为盐，从这时开始，他
们想到煮盐的事可以交给太阳来完成
了。

　　盐工们居住的海滩附近，有许多
大小不一的火山石。于是盐工们开始
凿石造盐槽，将大石拦腰破开，在石
面上凿出浅槽盛卤水，让阳光来晒卤
取盐。这一个个盐槽看似那么小巧，
以现代的500吨的年产量计算，历史上
产盐的总和应当不下50万吨，这些盐
槽在千多年间贡献出的盐不知滋养过
多少人。

　　盐田村现在还有30多户盐工，他
们仍然喜欢以这种祖传的方式生产食
盐。

　　盐田是海边彼此连接的几片浅海
湾，海湾地面略高于海平面。当潮汛
到来时，盐工们通过引潮口将潮水导
入盐田。这里的盐田与庄稼地倒是没
有太大区别，也是一片片真正的泥土
地，只是这泥土里并不能长出庄稼
来。

　　盐田里的泥土被海水浸泡以后，
会吸收海水里的盐分。浸泡过的泥土
经过晾晒，还要再一次次浇洒海水。
盐田边环绕着弯弯的沟渠，沟渠里流
动的海水可以随时取用。

海南儋州古盐田之二

盐工在晾晒过的盐田中，用一个多齿耙仔细整理盐泥，横耙竖耙斜耙几遍，使盐泥更加松软，这样可以吸纳更多海水。耙泥，这是流传千年的日晒海盐的一道程序。

盐泥就这样浇了晒，晒了浇，通常要晒三天，到第三天的中午还要再重复耙泥一次。

晒泥之后，就进入到制卤工序。

三天之后的下午，用杴将晒干的盐泥收拢起来，堆放在盐田旁边的一个土坑滤池里。再浇灌海水，将盐泥搅散。滤池中用细竹或草席铺垫在底部，这是简便的过滤网，底部留有一个出水口。盐泥经过搅拌、踩实之后，过滤好的高盐分卤水便从出水口流进了储卤池。

对收集到储卤池中的卤水，还要进行浓度检验。卤水盐分检验的方法，是摘下盐田旁灌木丛上的一片树叶，掐一小截叶茎，丢进卤水池里。叶茎若是浮起来，表明卤水浓度较大，符合晒盐的要求。如果是沉下去了，表明盐度还不够浓厚。

海南儋州古盐田之三

盐度合适了，就进入晒卤水工序。盐工将卤水从池中担运到大缸内，然后从大缸舀出，倒在一个个石槽内。大太阳足足晒上一天，傍晚就可以收到石槽上晒出的白花花的盐了。

中国历史上的海盐生产，有过煎、晒两种方法，煎在前，晒在后。在元代以前，主要采用的是煎盐法，这是一种古老的方法。元明时代的著作家对这煎盐法有详细的记述。从元代开始，福建一带的海盐生产采用了日晒法，到明代晒盐法在江淮、两浙得到普遍推广。日照蒸发卤水成盐，使海盐的出身完全改变了，过去是火中诞生，从此变成了阳光产品。

盐田村盐槽最早出现的年代还需要进一步发掘考证，如果真是传说的那样，连苏东坡也曾经来过此地观瞻，这也许真是人类最早的人工制卤晒盐的场所。

千年的时光就从这盐槽上流淌过去了，这盐槽旁该留下了多少代盐工们的脚印？那些反复叠加的脚印，虽然让盐卤一次次地冲刷模糊了，但我们还是希望能在这盐田里找到一些历史的印记。终于有了一些收获，我们看到了几座石条垒砌的建筑基址，盐民说那就是古代盐铺的所在。在盐槽边还发现了许多破碎的陶片与瓷片，那一定是盐工早年留下的信息。

再仔细寻找下去，又发现了一些破损废弃的石槽，也有一些曾经修补过的石槽。这一定是更古老一些的盐槽。也许这盐槽同盐民一样，也有衰老的时光，也有世代的更替，它们慢慢变成了历史的陈迹。这袖珍盐田就是一座博物馆。这是一座工业博物馆，是一座还没有衰败为遗址的博物馆。

在儋州，这样的古盐田还有一些，是非常宝贵的文化遗产。

五味调和

五味之美，在于调和。调和之道，又在于知味。

真识味的厨者，似乎不少。真知味的食者，似乎很少。

◎ 无味之味："大羹"与"玄酒"

在崇尚礼制的周代，与饮食相关的一系列礼仪制度，是周礼的重要构成内容，正所谓"礼始诸饮食"。孔子遵礼行事，他有一句我们现在都还常常念叨的话：席不正不坐，割不正不食，讲的就是一条贵族们必须遵循的食礼，是说进食时落座的席子要铺平正，享用的肉菜要切割得有模有样，不然这饭就没有必要吃了。

这里要说的"大羹"与"玄酒"，就是周代食礼中的必备之物，是两样很特别的食饮。玄酒在贵族们的饮食中有很重要的意义，《礼记·礼运》说进食时要放在最重要的位置，比其他好酒更受重视。又说"玄酒以祭"，是说举行祭祀时一定少不了玄酒。在《礼记》的其他食礼条文中也提到玄酒，说玄酒要用漂亮的酒器盛装，并说"尊有玄酒，教民不忘本也"。

何谓"玄酒"，清水而已，以酒为名，古以水色黑，谓之"玄"。太古无酒，以水为饮，酒酿成功后，水就有了玄酒之名。周礼用清水作为祭品，表现了当时对无酒时代以水作饮料的一种追忆，并且以此作为不忘饮食本源的一种经常性措施。这祭法的施行，可能在周以前就有了很久远的历史，应当是产生于更早的史前时代。

再说大羹。羹是中国古代很流行的馔品，它是将肉物菜料一锅煮的食法，尤其是在油炒方法没有推行的时代，人们享用的美味多半是由羹法得到的。《仪礼·士昏礼》说，大羹要放在食器中温食，又说大羹温而不调和五味。《周礼·天官·亨人》说，祭祀和招待宾客都要用大羹和铏羹。何谓"大羹"？注家以为是煮肉汁，而且是不加调味料的肉汁。用大羹作祭品，同用玄酒一样，也是为了让人能回忆饮食的本始，同时也是为了以质朴之物交于神明，以讨得神明的欢心。招待宾客时用大羹，则是很尊贵的馔品，而且还要放在火炉上，以便

汉代壁画羊酒图

在用餐时能趁热食之。由于大羹不调五味，热食味道略好一些，所以需放在炉火上。考古发现过不少周代的炉形鼎器，器中可燃炭，可能就是用作温热大羹的，考古学家们称它们为"温鼎"。

我们不知道史前人类只限于享用大羹玄酒的时代延续了多久，恐怕要以百万年计。换句话说，人类历程中的绝大部分时光都是在无滋无味中度过的。当以甜、酸、苦、辣、咸这五味为代表的滋味成为人类饮食的重要追求目标时，烹饪才又具有了烹调的内涵，一个新的饮食时代也就开始了。这个时代的开端并没有导致大羹玄酒完全从饮食生活中退出，但它确实是个重要的开端，意义重大。

五味调和的饮食时代，可能发端于原始农耕文化。食用谷物时更需要佐餐食物，多变的滋味能使进食过程变得更加顺利。相反，狩猎游牧时代的肉食，本身可以提供稍为丰富的滋味，不大容易使人产生变味的动机。五味中，至少酸、苦、辣、咸本来是不能列为美味的，可在适度使用后，却都能变为受欢迎的滋味，人类味感的多重性、多变性与兼容性，在五味使用的初期就一定形成了。

◎五谷、五味与五脏

　　饮食的一个重要目标，是人体的健康。明代人陈继儒的《养生肤语》论及饮食与健康的关系，他说："人生食用最宜加谨，以吾身中之气由之而升降聚散耳。何者？多饮酒则气升，多饮茶则气降；多肉食谷食则气滞，多辛食则气散；多咸食则气坠，多甘食则气积；多酸食则气结，多苦食则气抑。修真之士所以调燮五脏、流通精神，全赖酌量五味，约省酒食，使不过则可也。"

　　在古人看来，饮食五味不仅给人的口舌带来直接的感受，而且对人的肌体有重要的调节作用。五味调和不当，摄入不当，不仅使人的味觉感到不适，而且还会危害身体的健康。所以早在周代，王室已设食官一职，负责周王的饮食保健。当时对食疗、食补及食忌有了一定的认识，初步总结出了一些基本的配餐原则。随着饮食品种的增加和烹调技艺的发展，人们对食物的作用有了更全面的认识，了解到饮食不仅仅有充饥解渴和愉悦心志的作用，它还有相反的另一面。尤其是一些美味佳肴，有时吃了以后并没有益处，很是让人意外，于是人们

得出了"肥肉厚酒，务以自强，命曰烂肠之食"的结论。美味不仅有可爱的一面，也有它可恨的一面，有了许多的教训之后，才知不可不慎了。好东西是要吃的，但要根据身体情况，不可没有节制，吃多了口舌舒服而苦了身体，弄不好还要影响到寿命，得不偿失。

　　春秋时的齐国有位神医扁鹊，秦越人，也相传中医诊脉之术是他的发明。据唐孙思邈《千金食治》所述，扁鹊还是一位较早阐明药食关系的人，他说："安身之本，必资于食；救疾之速，必凭于药。不知食宜者，不足以存生也；不明药忌者，不能以除病也。斯之二事，有灵之所要也，若忽而不学，诚可悲夫！是故食能排邪而安脏腑，悦神爽志，以资血气。若能用食平痾，释情遣疾者，可谓良工。长年饵老之奇法，极养生之术也。夫为医者，当须先洞晓病源，知其所犯，以食治之，食疗不愈，然后命药。"扁鹊的道理是：人生存的根本在于饮食，不知饮食适度的人，不容易保持身体健康。饮食可以健康肌体，可以悦神爽志，也可以用于治疗

清代印本《千金方》书影

疾病。一个好的医生，首先要弄清疾病产生的根源，以食治之，如果食疗不愈，再以药治之。扁鹊所说的食疗原则，历来为中医学所采用，形成了一种优良的传统。

扁鹊之后的时代，食疗理论又有了很大发展。成书于战国时代的《黄帝内经·素问》，系统地阐述了一套食补食疗理论，阐明了五味与保健的关系，奠定了中医营养医疗学的基础。

例如《素问·藏气法时论篇》，将食物区别为谷、果、畜、菜四大类，即所谓五谷、五果、五畜、五菜。五谷指黍、稷、稻、麦、菽，五果即桃、李、杏、枣、栗，五畜为牛、羊、犬、豕、鸡，五菜即葵、藿、葱、韭、薤。这里所说的"五"，应当是一种泛指，不一定是具体的五种。这四大类食物在饮食生活中的作用和所

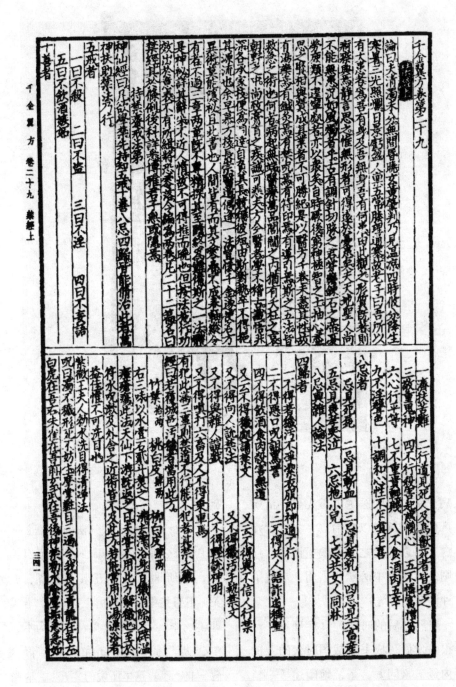

《千金翼方》（元大德本）书影

占的比重，《素问》有十分概括的阐述，即所谓"五谷为养，五果为助，五畜为益，五菜为充"。也就是说以五谷为主食，以果、畜、菜作为补充。这个说法符合中国历代的国情，符合食物资源的实际，表现出东方饮食结构的鲜明特点。直到今天，中国绝大部分人的食物构成仍是这样一个固定模式，这是过早成熟的农业经济发展的必然结果。

古人对五谷的偏爱，也得力于对自然的观察与总结。《大戴礼·易本命》说："食水者善走而寒，食土者无心而不息，食木者多力而拂，食草者善走而愚，食桑者有丝而蛾，食肉者勇敢而悍，食谷者智慧而巧，食气者神明而寿，不食者不死而神。"神本无形，当然无须饮食。这段话的意思，是说各种动物的本性之所以不同，主要是由各自食性的不同所决定了的，人类之所以聪慧智巧超出一切动物之上，就因为是以五谷为主食。按照现代营养学观点，谷物中的主要成分是淀粉和蛋白质，豆类还含有较多的脂肪。人体热能主要来源于糖和脂肪，而生长修补则靠蛋白质，谷豆类食物可以基本满足这些要求，这也就是古人"五谷为养"所包含的内容。动物蛋白有优于植物蛋白的特点，动物类食品对提高热量和蛋白质的供应提供了一条辅助途径。蔬菜水

果类有大量无机盐和多种维生素，又有纤维素能促进消化液分泌和肠胃蠕动。由此看来，《素问》的营养理论还是一种科学合理的理论。

按照中医学理论，饮食之物都有温、热、寒、凉、平的性味，还有酸、苦、辛、咸、甘的气味。五味五气各有所主，或补或泻（解），为体所用。《内经·六节藏象论》说："嗜欲不同，各有所通。天食人以五气（在天为气，指臊、焦、香、腥、腐五气），地食人以五味。五气入鼻，藏于心肺，上使五色修明，音声能彰。五味入口，藏于肠胃。味有所藏，以养五气，气和而生，津液相成，神乃自生。"人的容颜、声音、神采，都与五味五气的摄入相关。

《内经·生气通天论篇》有一则专论五味之于人体五脏的关系，曰：阴之所生，本在五味；阴之五宫，伤在五味。是故味过于酸，肝气以津，脾气乃绝；味过于咸，大骨气劳，短肌，心气抑；味过于甘，心气喘满，色黑，肾气不衡；味过于苦，脾气不濡，胃气乃厚，味过于辛，筋脉沮弛，精神乃央。是故谨和五味，骨正筋柔，气血以流，腠理以密，如是则骨气以精。谨道如法，长有天命。

可见偏食一味，有筋骨受损、脾胃不合、肝肾不舒、心血不畅、精神

敦煌发现的《食疗本草》残卷

不振之虞，性命攸关。《内经·五藏生成篇》也谈到偏食一味的害处，曰：多食咸则脉凝泣而色变，多食苦则皮槁而毛拔，多食辛则筋急而爪枯，多食酸则肉胝胸而唇枯，多食甘则骨痛而发落。此五味之所伤也。故心欲苦、肺欲辛、肝欲酸、脾欲甘、肾欲咸，此五味之所合也。

不慎五味之所合，必被五味之所伤。五味之所入，据《内经·宣明五气篇》说，是"酸入肝，辛入肺，苦入心，咸入肾，甘入脾"，知道了这些以后，身体稍有不适，就要忌口禁食某些食味，防止给身体造成更大的伤害，这就谓之"五味所禁"。其具体内容是："辛走气，气病无多食辛；咸走血，血病无多食咸；苦走骨，骨病无多食苦；甘走肉，肉变无多食甘，酸走筋，筋病无多食酸。"

五味所以养五脏之气，病而气虚，所以不能多食，少则补，多则伤。五味各有独到的治疗功能，据《内经·藏气法时论篇》所说，为"辛散、酸收、甘缓、苦坚、咸软"。谷粟菜果都有辛甘之发散、酸苦咸之涌泄的效用，这就进一步说明了这样的道理：食物不仅可以果腹，给人以营养，而且都有良药之功，可以用于保健。《藏气法时论篇》列举的五味保健的原则是：肝色青，宜食甘，粳米、牛肉、枣、葵皆甘。心色赤，宜食酸，小豆、犬肉、李、韭皆酸。肺色白，宜食苦，麦、羊肉、杏、菇皆苦。脾色黄，宜食咸，大豆、豕肉、栗、藿皆咸。肾色黑，宜食辛，黄黍、鸡肉、桃、葱旨辛。这里将五谷、五畜、五果、五菜的性味都阐发出来了，其中的主要理论基本为现代食疗学所继承。《内经·素问》为假托黄帝之名而作，从它的思想体系分析，人们认为同战国时的道家和阴阳五行家有密切的关系。不过我们引述的五味健身的理论，经现代医学的检验，应当说是正确的，是可取的，它也是历代医家所奉的圭臬。

现代食疗理论对五味与健身的关系，基本上继承了《内经》的学说，又有了丰富与发展，也更加科学化了。其主要内容是：

（1）辛味具宣散、行气血、润燥作用，用于治疗感冒、气血瘀滞、肾燥、筋骨寒痛、痛经等症，典型饮品有姜糖饮、鲜姜汁、药酒等。

（2）甘味有补益、和中、缓急等作用，用于虚症的营养治疗。如糯米红枣粥可治脾胃气虚，羊肝、牛筋等可治头眼昏花、夜盲等症。

（3）酸涩味有收敛固涩作用，可用于治疗虚汗、泄泻、尿频、遗精、滑精等症。如乌梅能涩肠止泻，加白糖可生津止渴。

（4）苦味具有泄、保、坚的作用，用于治疗热、湿症。如苦瓜可清热、明目、解毒。

（5）咸味有软坚、散结、润下的作用，用于治疗热结不利等症。如海带咸寒，能消痰利水，治痰火结核。

一般凡属辛、甘、湿、热的阳性食物，大多有升浮作用，有升阳、益气、发表、散寒功用。凡属酸、苦、咸、寒、凉的阴性食物，则多有沉降作用，有滋阴、潜阳、清热、降逆、收敛、渗湿、泻下功用。我们一般的食者，不大了解各类食物的性味，读了《内经》也许会弄得不知如何动筷子，不知吃什么才好。其实一般日常饮食，只要不偏食某味，不要吃得太杂太多，是不会对身体造成什么损害的。食物的性味大多比较平和，短期内偏食某种食物，也不致弄出什么毛病来。当然在身体有了毛病时，或者体质本来就不大强壮，饮食还是注意一些为好。古今人的经验，许多是由教训中得出的，而饮食保健的许多原则，又是数千年数不清的人一口一口吃出来的，虽不是全都有值得传承的价值，但总的理论体系还是值得肯定的，过去有存在的价值，现在和将来依然也有价值。

◎ 煎饼：5000年的滋味

在北方的一些地区流行一种现做现卖现吃的小吃，叫做煎饼果子。过去在街头走一走，很多地方都能见到卖煎饼的三轮车摊，火炉上架一块平光的圆铁板，就是一只很实用的煎锅。爱好煎饼的人认为煎饼是一种美味小吃，你可以看着它煎好，马上便可大嚼起来。

煎饼标准的煎锅称为鏊，面平无沿，三条腿。《说文句读》说："鏊，面圆而平，三足高二寸许，饼鏊也。"《正字通》也说，"鏊，今烙饼平锅曰饼鏊，亦曰烙锅鏊"。可见鏊在古代，早已有之，是专用于烙饼的炊器。有鏊就有煎饼，我们可以由饼鏊的产生，追溯煎饼的起源。

考古发现过一些古代的饼鏊，如北京辽代韩佚墓址出土一件陶鏊，鏊面平圆，下附三扁足，高为5厘米余，形体较小，当是专用于随葬的冥器，不是当时的实用器，辽代实用鏊形状估计与此相去不远。

标准的饼鏊，是在内蒙古准格尔旗的一座西夏时代的窖藏中发现的。

大河村文化陶鏊（河南郑州）

裴李岗文化石磨盘（河南新郑）

这件西夏铁鏊为圆形，鏊面略略鼓起，上刻八出莲花瓣纹饰，有稍向外撑的三条扁足，直径44厘米，高约20厘米，这是一具实用的铁鏊，烙成的煎饼会印上莲花纹，别有一种情趣。

我们怎么也不会想到，年代最早的饼鏊是在新石器时代遗址中发现的，黄河流域的原始居民用陶土烧成了标准的饼鏊。1980年和1981年，在河南荥阳点军台和青台两处仰韶文化遗址，发掘到数量较多的一种形状特殊的陶器，陶色为红色或灰色，陶土加砂，上为圆形平面，下附三足或四足，底面遗有烟炱。发掘者称这种器物为"干食器"，以为是"做烙饼用

的铁鏊的始祖"。这推论是不错的。它确确实实就是陶饼鏊，是仰韶文化居民烙煎饼的烙锅。

从考古发现看，古代中国用鏊的历史相当悠久，可以追溯到5000多年以前，这也就说明了这样一个问题，煎饼的起源，不会晚于距今5000年前。很可能，煎饼的起源还能上溯得更早，因为陶鏊已是很成熟的烙饼器具。在此之前可能有更简单的鏊具。西南地区有的少数民族有用石板烙饼的传统，中原地区最早的饼鏊也许就是用的石板，不知道今后在考古发掘中能不能找到这种石鏊。

煎饼是一种面食，过去一些学者

很多地方都有煎饼，做法与吃法彼此并不相同。

认为古代中国是以粥饭方式食用五谷，称为粒食传统，面食传统起源较晚，可能汉代才较为普及。有些文章还认为中国的面食技术是汉代自外域传入的，不属原有的粒食传统。这些说法显然过于保守了，我们由煎饼的研究认定新石器时代就有烙煎饼的陶鏊，说中国古代没有面食传统的观点也就不攻自破了。

考古不仅发现了古代饼鏊的实物，也发现过古代用鏊的形象资料。1972年在甘肃嘉峪关附近发掘了一批魏晋时代的画像砖墓，在砖块上彩绘的厨事活动场景中，就有生动的"煎饼图"。

当人们品尝香美的鸡蛋煎饼果子时，大概不曾想到它会有如此悠久的历史吧。

◎4000岁：面条的年龄

青海民和的喇家遗址，因为发掘出4000年前一次突发的灾难现场，曾引起各方的关注。最近又因为灾难现场出土一碗古老面条的被确认，喇家遗址再次受到广泛关注。这碗意外保存下来的面条，让人们很有些兴奋，兴奋之余又很有些疑惑不解。按我们

已有的常识，按祖宗传下的说法，中国古代的面条本来只有2000岁上下的年龄，它怎么一下子古老了这么多呢，这个千岁千岁千千岁在我们现存的知识系统中还真不容易放到一个适当的位置上去。

这碗面条千真万确，4000岁的古

青海喇家遗址出土盛面条陶碗

青海喇家遗址出土面条遗存

老年龄不容置疑。那是2002年，在喇家遗址的继续发掘中，在20号房址内的地面清理出一些保存完好的陶器，其中有一件蓝纹红陶碗，略为倾斜地翻扣在地面上。在现场揭开陶碗时，发现碗里原来是盛有物品的，陶碗移开了，地面上是一堆碗状遗物。它的下面是泥土，而碗底部位却保存有很清晰的面条状结构。这些条状的物件粗细均匀，卷曲缠绕在一起，而且少见断头。它的直径大约为0.3厘米，保存的总长估计超过50厘米。它的颜色，还显现着纯正的米黄色。由图片上可以看到，它没有硬折出的弯度，表明原本具有一定的韧性。

中国科学院地质与地球物理研究所吕厚远研究员提取陶碗中的实物进行了检测，2005年10月13日《自然》杂志发表了研究结果，题为"Millet noodles in Late Neolithic, China"，认定陶碗中的遗物是面条。很快，《美国国家地理杂志》、美国国家广播电台、英国广播公司和路透社，以及德国、日本等国的媒体报道和评述了这个重要发现。

研究中从碗底到碗口，采了六个部位的样品：三个取自条状物层，三个取自条状物所在的土层内。首先通过分析植硅体的途径，确定标本是否含植物遗存，结果发现有两种类型植硅体含量在条状层特别高。接着通过与西北地区常见的大麦、青稞、小麦、小米、高粱、燕麦、谷子、黍子、狗尾草等近80多种植物果实中植硅体形状进行比照，发现这两种植硅体的形状与小米和黍子非常吻合。由此判断条状物层里保存有大量的粟和黍子的典型壳体植硅体颗粒，壳体植硅体的含量高达每克样品中近10万粒以上。

为进一步验证，又选择进行淀粉粒偏光实验。淀粉粒也可以在地层里保存上万年，它是由碳、氢、氧组成的一种矿物质，在偏光显微镜观察有削光的特征。偏光实验表明，条状物中的两种物质所呈现出的特征也与小米和黍子最为匹配。在显微镜下观察，条状物中淀粉的光学性质显示大量的淀粉颗粒还没有完全糊化。

通过分析最终排除了其他可能，确认喇家出土陶碗里的遗物为食物，成分是大量的粟与少量的黍。也就是说，陶碗里的条状物是面条，这碗古老的面条是由小米面和黍米面做成的。

实际上小米面本来可以加工成面条，在中国北方农村现代还有用小米磨面做面条的吃法，这样的面条是在专用的工具里压出来的，我们现在称它为饸饹。

令人感兴趣的是，在分析面条样品中，还检测到少量的油脂、类似藜科植物的植硅体以及少量动物的骨头碎片，应当都是这碗面条的配料，说明这还是一碗荤面。

这么说来，我们的先民在4000年前已经用谷子和黍子混合做成了最早的面条。虽然它的具体加工工艺还不清楚，但是这个过程中对植物籽实进行脱粒、粉碎、成型、烹调的程序一定都完成了，而且这成品小米面条做得细长均匀。在中国乃至世界食物史上，应当算是一个重要的创造，也是一个重要的贡献，它为人类的饮食生活增添了一个丰富的内容。

过去一些学者认为古代中国是以粥饭方式食用五谷，称为粒食传统。而面食传统起源较晚，可能到了汉代才较为普及。有些文章还认为中国的面食技术是汉代自外域传入的，不属本土原有的粒食传统。

一说到面食，必然要提到小麦。一般认为，饼食的出现，与小麦的普及种植相关，也与旋转磨的普及有关。过去一些食物史研究者认为，中国虽然在商代就有了小麦种植，甲骨文上将麦称为"来"，但是就食用习惯而言，仍然同大米和小米一样，采用的也是粒食方式。一直到周代仍是如此，周王的餐桌上摆的也只是麦仁饭，不见饼面之类。再说旋转石磨迟至东周才发明，汉代才比较普及，周王没有口福吃到饼面也是没有法子的事。

但是根据新近的考古发现研究，北方栽培小麦，在黄河中游地区应当开始于龙山文化时期，在距今4000~5000年前它已经不是稀罕之物。不过因为干旱和技术的缘故，更因为产量的限制，那时小麦的种植面积一定没有小米的大，人们的主食仍然以小米为主。

喇家的发现表明，在史前小米并不一定完全采用的是粒食方式，它也可以加工为粉面制品。这种初级的粉食始自何时，现在还不能考定，但北方粟作农业的历史却非常悠久，已经发现的栽培作物粟和黍的遗存，年代可早至距今8000年前，这是粉面食出现的一个基本条件。

由喇家遗址4000年前面条的发现来看，麦子与磨存在与否，并不是面条产生的必备前提。

不仅是喇家的发现，其实还有不少考古学证据都说明，饼食在中国史前已经出现多样化发展趋势，史前人享受到的美味，比我们想象的似乎要多一些。它们的盘中餐不仅有面条，还有烙饼、烤饼之类。

北方在史前的面食，原料在一部

分地区是以小米为主。南方虽然收获的是稻谷，大米也是可以做成饼的，大米的饼食方式也许更加简单一些。大米在泡过之后，很容易捣成粉面。大米面可以直接入汤做成糁羹之类，也可以像面条一样做成粉食。在周王的餐桌上，有将米麦炒熟捣粉制成的食品，称为"糗饵粉餈"。这个食法，在南方现代还有保留。《说文》便说"饵，粉饼也"，云南人将大米面薄饼称为"饵块"，看来是有些来由的。

其实有了粉面，食物的品类会增加很多，不限于饼面之类。直接用它做成糊糊，更是便当。不过要细细论起来，饼食起源也不是容易考得明白的，好好的粮食，人类怎么就突发奇想要将它捣碎了来吃呢？也许是舍不得扔掉在脱粒过程中磨碎了的碎末，将它们收集起来烹饪时发现了粘连的特性；也许是为了喂养婴儿，需要有意将米粒捣碎了做成糊糊。有了一种特别的需要，又有了一些基本的技术条件，遇到一个契机，智慧发挥出来，一件发明便会完成，面食兴许就是这样起源的。

面食在中国古代通称饼食，包括面条、烧饼、馄饨、包子与馒头之类。

按照日本学者的研究，中国古代面食开始的年代，是纪元前后，只有2000年左右的历史。而面食的真正普及却是在唐代以后，那就只有1000年左右的历史。因为中国古代文献中记述的面食，晚到西汉时期才见到，扬雄的《方言》提到了饼，饼是对面食的通称。后来刘熙《释名》更明确说"饼，并也，溲面使合并也"，同时提到了胡饼、蒸饼、汤饼、索饼等面食名称，而汤饼与索饼便是地道的面片与面条之属。

现在看来，以文献作为出发点的考证有了明显的局限性，不能作为充足的凭信。不过文献对汉唐以后面食发展的研究，却是值得取证的。从文献记述看，面条在东汉称之为煮饼，魏晋则有汤饼之名，南北朝谓之水引或馎饦，唐宋有冷淘和不托，还有特色面条萱草面。宋代时面食花样逐渐增多，因为食法的区别，有了一些特别的名称。《梦粱录》记南宋临安的面食店，也称为分茶店，经营各种各色的面食，如：

猪羊盦生面　丝鸡面　三鲜面
三鲜棋子面　鱼桐皮面　盐煎面
大熬面　虾𦠤棋子　笋泼肉面
炒鸡面　丝鸡淘　虾鱼棋子
子料浇虾𦠤面　银丝冷淘
耍鱼面　七宝棋子　大片铺羊面
炒鳝面　卷鱼面　笋拨刀

百花棋子面　笋辣面　笋蕳面
笋蕳淘　笋菜淘　血脏面
蝴蝶面　蕳肉菜面　素骨头面

元代时出现了干储的挂面，明清出现了抻面和削面。后来各地的面食风味也不尽相同，有汤面、凉面、卤面、油泼面、捞面、刀削面、空心面、拉面等，又有宽面、细条、面片、龙须等，烹调方法有热煮、凉拌、脆炸、软烂及干炒等等。

冷面值得说一说。二十四节令中有夏至，旧时北方人此日必得吃面，而且是冷面。冷面见于《帝京岁时纪胜》的记述，说夏至当日京师家家都食冷淘面，就是过水面，称作是"都门之美品"。京城中还流行这样一条谚语：冬至馄饨夏至面。书中又说，京师人无论生辰节候，婚丧喜祭宴享，夏日早饭都吃过水面。

过水凉面的吃法，早在宋代就很流行。宋代林洪《山家清供》提到"槐叶淘"的凉面，做法本出唐代，杜甫有《槐叶冷淘》诗，诗中道出了凉面的制法，说吃这面时有"经齿冷于雪"的感觉，连皇上晚上纳凉，也必定叫上一碗冷面来吃。宋代招待大学士，食物中有肉包子，当时称为馒头。不过在每逢三、八日的例行课试时，又有特别的馔品，有"春秋炊饼，夏冷淘，冬馒头"之说，大学士能

吃上冷面，也算是一种特别的待遇。

我们现代饮食中仍然喜欢享用的面条，虽然算不上是顶级美食，却是地道的大众食品。面条在世界上许多地区都是很流行的食物，亚洲各国每年收获的约百分之四十的小麦被用于制作面条，统计显示全世界有十亿人每天要吃一次面条。

面条成了全球人的通食，饱食之余，会用些心力探究它的起源地，会关心它的年龄，想弄清楚它为人类服务了多久的时间。

过去的研究以文献记载为依据，认为古代有关面条最早的记录可以追溯到东汉时期，是古代中国人发明。但是在国外流传着另外的故事，认为面条最早是中世纪时期在中东地区发明的，后来通过阿拉伯人传播到了意大利，意大利人进一步把面条食品传播到欧洲以及全世界。

于是，意大利人和阿拉伯人都声称自己最早发明了面条，而且早于中国的东汉时期。意大利人拿面条当作骄傲，还建起了面条博物馆。考古在现今罗马北方的伊楚利亚古国一幅公元前4世纪的古墓壁画中，见到奴仆和面、擀面、切面的场景。但是人们也很清楚，不管是伊楚利亚人或意大利人，通常都是将面拿来烤食，而水煮的面条可能是在公元5到8世纪之间从阿拉

伯世界传到了意大利。这比马可·波罗有可能从中国回到欧洲的时间显然要早出一些，那此前还有的一个历史公案，说面条是马可·波罗自中国带回意大利的说法也就无从说起了。

冯承钧所译《马可·波罗行纪》，涉及中国饮食时提到："……收获小麦者仅制成饼面而食。"所说的"饼面"从中文字面看不明白为何物，万人文库版的英文原著所写"饼"的原文是英文pastry（面粉糕饼），"面"用的是意大利文vermicelli（通心粉细面条）。文中用vermicelli而不是英文常见的noodles（面条），说明马可·波罗是借母语中的专有名词来称呼他在中国看到的形状与他所熟悉的意大利面条相似的面条。这也即是说，马可·波罗出发前在他的老家意大利已经吃到过面条，那么，古代意大利和中国面条之间显然没有什么必然的联系。

过去有国人声称，马可·波罗把面条从中国带到意大利，而意大利人则说马可·波罗之前就有面条，由喇家的考古看来，东西方的面条也许是各有渊源。

◎汉晋时尚：烤肉串

这些年在街头出现了不少卖烤羊肉串的摊子，吸引着不少吃客，小孩子和大姑娘吃起肉串来，似乎更觉有滋有味。这情形不仅在北京，在全国各地的许多大城市都能见到。

烤肉的历史可以上溯到数十万年前乃至百万年前的史前时期，原始人发明用火后，最早享用的熟食应当就是烤肉，那办法是将兽肉或整或零地直接在火苗上烤成。现在使用的"脍炙人口"这个词，其中的"炙"就是烤肉。"脍炙所同"，古时许多人都嗜食烤肉，那味道一定也是不错的。

周王膳单上有脍也有炙，炙肉在《诗经》上也被反复吟诵，周人对烤肉有一种特别的偏好。

汉代及汉以后，上层社会仍流行以烤肉佐酒的习惯。刘邦吃过烤鹿肝、牛肝，当了皇上，天天都少不了这东西。关羽刮骨疗毒，不住地饮酒，不住地吃烤肉，谈笑自若。汉代人嗜烤肉，由出土的画像石上看得明明白白，我们见到不少"烤肉串图"。山东诸城前凉台村发现的一方庖厨画像石上，刻画有一组完整的烤肉串人物活动。烤肉者有4人，一人串肉;一人在方炉前烤肉,炉上放有5支肉串,烤肉者一手翻动肉串,一手打着扇子;另有两人跪立炉前,候着烤熟的肉串。图中扇火的扇子为圆角方形,汉代称"便面"。有意思的是,维族人烤肉串用的扇子,也是汉代便面的样式。由烤炉和扇子的形状看,新疆地区烤肉串的传统很可能承自汉代的中原地区,也许就是汉代时由丝绸之路上传过去的,否则难以解释这种惊人的相似性。古老的烤肉的方式,又沿着旧日的丝路回传到了内地,这种反射性传播是很有趣的文化现象,很值得文化史家们深入研究。

类似前凉台画像石上的烤肉串图像,还可以举出几例。山东长清孝堂山石祠画像石,图上两人面对面地在一具方炉前烤肉串;沂水朱鲔墓画像石,图上一人手执肉串和便面,正在圆炉上炙烤着。河南洛阳一座汉墓壁画上,还见到在火炉上烤牛肉的图像。汉代画像石上还有一个画面值得提及,山东嘉祥武斑祠石室刻有羽人向西王母献烤肉串的图形,一个身材修长的羽人高举着一支烤肉串,正毕恭毕敬地献给高高在上的西王母。

马王堆汉墓出土的烤肉串(湖南长沙)

魏晋砖画上的庖丁与食客(甘肃嘉峪关)

神仙们据说是不食人间烟火的，西王母却要吃这烤肉串，可见肉串滋味之美，美到神仙们也要大快朵颐了。

汉代以后，烤肉串依然还是肉食者阶级的常馔之一。我们在甘肃嘉峪关魏晋墓葬砖画上，看到不少宴饮场面，既有手拿肉串送食的"行炙人"，也有手握肉串端坐在筵席上的食炙人。

古代的肉串以何肉为原料，从画面上难以揣度出来，不过文献记载还是比较清楚的。做肉串的肉不限于羊肉和猪肉，还有黄雀、牛心、鹅肉等。长沙马王堆一号汉墓遣册上记录的烤肉多达8种，有牛炙、牛胁炙、牛乘炙、犬胁炙、犬肝炙、豕炙、鹿炙、鸡炙，奇怪的是唯独没有羊炙。

当然，记载肉炙品种最多的还是贾思勰的《齐民要术》，该书有"炙法"一章，详细记述了各种烤肉的制法，其中的"捣炙法"和"衔炙法"，就是烤肉串的技法。这两法都是以子鹅为原料，可称为烤鹅肉串。烤鹅肉串较之当今的烤羊肉串，不仅技法要考究得多，味道也一定更美一些。北朝时的烤肉串似乎是以子鹅为上等原料，现在能尝到鹅肉串的恐怕不会太多，似乎根本就见不到这一美味了。

汉画烤肉串图

汉墓随葬的烤肉串（宁夏中卫）

◎西汉贵族的菜单：马王堆食简

出土女尸的长沙马王堆一号汉墓，随葬器物有数千件之多，有漆器、纺织衣物、陶器、竹木器、木俑、乐器、兵器，还有许多农畜产品、瓜果、食品等等，大都保存较好。墓中还出土记载随葬品名称和数量的竹简312枚，其中一半以上书写的都是食物，主要有肉食馔品、调味品、饮料、主食和小食、果品和粮食等。以下就是竹简记载的主要内容：

肉食类馔品 有各种羹、脯、脍、炙。

羹二十四鼎。羹有五种，即大羹、白羹、巾羹、逢羹、苦羹。大羹为不调味的淡羹，原料分别为牛、羊、豕、狗、鹿、凫、雉、鸡等。白羹即用米粉调和的肉羹，或称为"糁"，有牛白羹、鹿肉鲍鱼笋白羹、鹿肉芋白羹、小菽鹿肋白羹、鸡瓠菜白羹、鯦白羹、鲜鳜藕鲍白羹，主料为肉鱼，配有笋、芋、豆、瓠、藕等素菜。巾羹有狗巾羹、雁巾羹、鯦藕巾羹，"巾"之意不甚明了。逢羹可能指用麦饭调和的肉羹，古时将煮麦名为"逢"。逢羹主料为牛、羊、豕。苦羹指加有苦菜的肉羹，主料为牛肉和狗肉。

鱼肤一笥。鱼肤是未经盐腌的鱼干。另外还有鲤、鯦、杂鱼制成串的干鱼。

脯腊五笥。脯、腊均为干肉，有牛脯、鹿脯、羊腊、兔腊等。

炙八品。炙为烤肉，原料为牛、犬、豕、鹿、牛肋、牛乘、犬肝、鸡。

濯五种。食料分别为牛胃、脾、肺及豚、鸡。濯即鸑，是将肉菜放入汤锅涮一下即食用的方法，与现代火锅食法近同。

脍四品。原料为牛、羊、鹿、鱼。

火腿八种。分别用牛、犬、羊、豕的前后腿制作。

熬十一品。原料为豚、兔、鹘、鹤、凫、雁、雉、鹧鸪、鹌鹑、鸡、雀，以野禽为主。熬为古"八珍"之一，是一种腌干肉。

调味品 主要有脂、蚘、酱、锡、豉、醯、盐、菹和齑，共九类十九种，以咸味为主，五味俱全。

饮料 有酒四种：白酒、温酒、肋酒、米酒。温酒指多次反复精酿之酒，肋酒当指滤精清酒，米酒指醪糟。

主食 主要为饭和粥，用稻、麦、粟烹成。同时还有未烹的粮食和酒麹等，盛在麻袋中。

小食 小食即今之点心，有糗糒七种，即枣糒、蜜糒、荸荠糒、白糒、稻蜜糒、稻糒、黄糒。还有粗粃一笥，用蜜和米面煎成；餢飳一笥，当指油煎饼。

果品 有枣、梨、柟李、梅、笋、元梅、杨梅等。

种子 有冬葵、籫、葱、大麻、五谷。

上述肉食类馔品按烹饪方法的不同，可分为17类，有70余款。墓中随葬的饮食品根据竹简的记载统计，有近150种之多，集中体现了西汉时南方地区的烹调水平。墓中出土实物与竹简文字基本吻合，盛装各类食物的容器很多都经缄封，并挂有书写食物名称的小木牌。有的食物则盛在盘中，好像正要待墓主人享用。

与这些食物同时出土的还有大量饮食用具，数量最多制作最精的是漆器，有饮酒用的耳杯、卮、勺、壶、钫，食器有鼎、盒、盂、盘、匕等，最引人注意的是其中的两件漆食案。

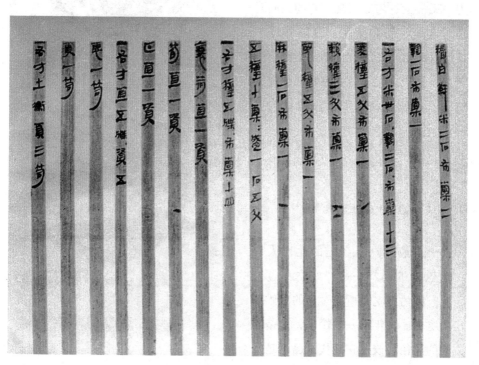

马王堆汉墓食简（湖南长沙）

食案为长方形，一般都是红地黑漆，再绘以红色的流云纹，大的一件长75.5厘米、宽46.5厘米。另一件食案略小一些，长也超过60厘米，案上置有五个漆盘，一只耳杯，两个酒卮，还有一双纤细的筷子，出土时盘中还盛有馔品。多少美味佳肴，都轮换着摆上这精美的食案，食案上摆不下的，则放在受用者的近旁。

作为随葬品放入墓中的，不仅有成套的餐具，甚至还有炊具和厨房设备，还有粮仓和水井的模型。其中的火灶模型做得比较精致，有烟囱、釜、甑附加设施，灶面上有时还刻有刀、叉、案、勺等厨具，有的则同时还塑有鱼、鳖和菜蔬。这随葬井、灶、仓的做法在汉人自始至终都十分普遍，看来汉代人对死后升仙也失望透了，否则又何必那么破费地去厚葬？

马王堆汉墓出土的鸡蛋（湖南长沙）

马王堆汉墓出土的藕羹（湖南长沙）

◎古代饺子的模样

什么最好吃，乡土的北方人有一句这样的回答——"好吃不过饺子"。因为好吃，所以过年的时候一定要吃它。大年初一吃饺子，这是北方人的风俗。饺子在现代早已不是北方人的专爱，南方许多地区都有饺

马王堆汉墓出土的烤肉（湖南长沙）

子，而且一年之中常常可吃，并不仅限于大年初一。论说起来，中国人吃饺子的历史是相当久远了，饺子还真是有些古老了。

据明代刘若愚的《酌中志》提及，饺子在明宫中称为"扁食"。说正月初一，"饮椒柏酒，吃水点心，即扁食也。或暗包银钱一二于内，得之者以卜一年之吉"。饺子作为大年初一的约定美食，可能是起于明代之时，而且还有在饺子中包物的特别游戏内容。清代《燕京岁时记》也说，初一"无论贫富贵贱，皆以白面作角（饺）而食之，谓之煮饽饽。举国皆然，无不同也"。

与新年食俗有关的，古时还有名为"破五"的风俗。《民社北平指南》说："初六日谓之破五，破五之内，不得以生米为炊。"北方人不兴吃米饭，倒也无所谓，煮饺子就解决了。《天咫偶闻》说："正月元日至五日，俗名破五。旧例食水饺子五日，北方名煮饽饽。今则或食三日、二日，或间日一食，然无不食者，自巨室至间阎皆遍，待客亦如之。"从大年初一起，一连要吃五天的饺子，从富贵之家到平民百姓，都是如此，这就是北方人过年的讲究。不过现在的北方人这讲究有了很大的改变，不会有人再去连吃五天的饺子了。

在更早的唐宋时代，饺子就是美食之一。据明人张自烈《正字通》说，水饺在唐代有牢丸之名，或又称为粉角。宋代称为角子，《东京梦华录》说汴京市肆有水晶角儿和煎角子。

饺子古有牢丸、角子、扁食、水包子、水煮饽饽等名称，也有称为馄饨的时候。北齐颜之推有一语说："今之馄饨，形如偃月，天下通食也。"这偃月形的馄饨，其实就是饺子。因为颜氏此语，于是烹饪学界以为饺子起源于南北朝时期，因为这样的馄饨，确实是标准意义的饺子。明代出现专用的饺子名称，《万历野获编》提到北京名食有椿树饺儿，也许是用椿芽做的馅料。特别有意思的是，《万历野获编》引述的是流传于京城中的一些有趣的对偶句，原句是"细皮薄脆对多肉馄饨，椿树饺儿对桃花烧麦"，句中对馄饨、饺子、烧麦已明确区分。清无名氏《调鼎集》中对饺子与馄饨也有明确区分，不再将它们混为一谈。不过直到今天，也仍有些地方将饺子称为馄饨的。饺子和馄饨形状虽有明显不同，食法也有差异，但在有些地方对它们的称谓是含混的，这与历史上没有分清彼此是有关系的，其中的渊源一定可以早到颜之推的时代。

饺子在更早的文献中是很难考究

明白了，因为"饺"字初始的意义是甜滋滋的"饴"，与馄饨或饺子没有一点儿联系。虽然文献难觅，考古却发现了它的踪迹。有的人可能知道，在新疆吐鲁番阿斯塔那唐墓中曾发掘出不少点心实物，因为那里气候干燥，所以许多面食点心都能完整地保存下来。出土的面食中居然见有饺子，无论形状和颜色都保存相当好，实在难得。这些唐代的饺子，与现代常见的饺子在大小形状上几乎是一模一样。好口福的阿斯塔那唐代居民，是不是只限于大年初一吃饺子，我们已是不得而知了。

考古发现的古代饺子的证据，吐鲁番的阿斯塔那还不算是最早的。在重庆忠县的一座三国时期的墓葬中，出土一些庖厨俑，这些陶塑具有很高的艺术价值，也是饮食文化研究的重要资料。其中有两件陶塑表现古代厨师正在厨案边劳作，我们见到厨案上摆放了食料，有猪羊鸡鱼，也有一些果蔬等。仔细看去，厨案上的中心位置还摆着捏好的花边饺子！这说明在三国时期的长江三峡地区，饺子已成为人们喜爱的美食。这个发现自然就

三国陶庖厨俑（重庆忠县）

唐代擀面女俑（新疆吐鲁番）

唐代饺子（新疆吐鲁番）

使过去认为饺子起源于南北朝时期的说法失去了意义，而且这是形象标准的偃月形饺子。

还值得提到的是，在山东滕州薛国故城的一座春秋晚期墓中，在一件随葬的铜器里见到一种呈三角形的面食，长5～6厘米，这应当是迄今所知最早的饺子，只是它的形状还不算太标准，或许是最原始的饺子，它的样子更像是馄饨。想起在陕西作野外考古发掘时，乡民为我们包的扁食，就是这三角形的样子，于是心里开始捉摸，它这模样的传承会不会有古老的背景呢？

◎ 小食与点心

我们现代人所说的小吃与点心，是与大餐正餐相对而言的食品，在古代通称之为"小食"。在一定的历史时期，"小食"又并不是具体指小吃与点心，而是指示与正餐不同的早餐或加餐，是一个表述"餐时"的特定名称。

古代"小食"之名，通常说在文献上最早见于晋人干宝所著的《搜神记》。《搜神记》中有"卯日小食时"一语，指示的可能是早餐之时，与正餐相对，并不直接指示食物。又如《梁书》昭明太子传上所言，"京师谷贵，改常馔为小食"，那时所说的小食，显然指的是较为简便的饮食，不一定专指早餐而言。

其实小食一词出现还要早得多，汉代许慎在《说文》中即已提及："既，小食也"。"叽，小食也，相如《赋》曰叽琼华。"在甲骨文里，"既"是一个会意字，字左边是食器的形状，右边则像一人吃罢转身将要离开的样子，它的本义是吃罢了吃过了。《礼记·玉藻》有"君既食"这样的话，也是吃完了的意思。这个意

隋代侍女俑

思还有引申，可以转用到特指日全食或月全食，"既"就有了食尽的意思。《左传·桓公三年》："秋七月壬辰朔，日有食之，既。"杜预注说"既，尽也"。

近人罗振玉不太赞成《说文》的解释，他说"即，象人就食；既，象人食既。许训既为小食，义与形不协矣。"对我们本文的命题而言，不论许慎解释有无差错，他的话同样是非常重要的，他的文字表明在汉代时应有了"小食"的说法。当然那时的小食可能只是指一种非正式场合的食法，而不一定具体指示食物本体。

按照烹饪史家们的说法，小食是一种小分量的食品，以有无汤汁作区别，如有汤则称为小吃，如无汤就是点心，这当然是现代人所作的分别。其实在古代小吃与点心并无明确分别，或者本来就是一事两说，通指正餐之外的饮食，并没有具体指称何种食物。如《唐六典》有一条记录说，"凡诸王以下，皆有小食料、午时粥料，各有差"。所谓"小食料"，指的当是早点，

唐代壁画侍女图

而"午时粥料"就更明确了。唐代人将早餐称为"小食"，我们在这里寻找到一个很好的证据。

宋人吴曾的《能改斋漫录》，曾对"点心"一词作过考论。他说那时通常"以早晨小食为点心，自唐时已有此语"。唐代人已将随意吃点东西称作"点心"，早晨的小食也可称为"点心"，点心的说法看来是唐代时的发明。我们现在将吃早餐说成吃"早点"，这是早晨的点心，与唐代时的说法没有明显区别。

小食作为早餐的名称，在宋代还没有明显变化。《普济方》有"平旦服药，至小食时……"语，这"小食时"明确指的就是早餐之时。但清人周召的《双桥随笔》有文字这样表达："一日手制小食上之。"这里的小食，显然就指的是具体食品了，可能就是面食点心之类了。

现代将小吃与点心区分得非常明白，小食一语已不再流行，而且也不再像古代固定去指示早餐或是某种加餐。不过现代语汇中的"早点"一词，显然与古代"点心"一词有语源关系。早点也具有双重语义，可以指早餐的食时，也可以指早餐食物本体。

但如果将点心和小吃全称为小食，用现代的含义去看，古代小食的内涵是相当丰富的。古代有平民小食，有市肆小食，还有节令小食，更有御膳中的小食。

◎古代市肆小食

饮食店的出现，应当是很早的，小食进入食店作为应时品类，自然也不会太晚。先秦时代的市集上，已经有了饮食店。《鹖冠子·世兵》说："伊尹酒保，太公屠牛"，《古史考》还说姜太公"屠牛于朝歌，卖饮于孟津"，虽不过是传说，但也许商代时真有了食肆酒店。到了周代，饮食店的存在已是千真万确的了，《诗·小雅·伐木》中的"有酒湑我，无酒沽我"即是证据，当时肯定有酒店可以买酒喝了。东周时代，饮食店在市镇上当有一定规模和数量了，《论语·乡党》有"酤酒市脯不食"的孔子语录，《史记·魏公子列传》有"薛公藏于卖浆家"的故事，《刺客列传》有荆轲与高渐离"饮于燕市"的记载，都是直接的证明。

古代市肆制售小食，在唐宋时代已形成相当规模。唐代长安颁政坊有馄饨店，长兴坊有馎饦店，辅兴坊有胡饼店，长乐坊有稠酒店，永昌坊有茶馆，行街摊贩也不少。阊阖门外的"张手美家"食店，更是花样翻新，《清异录》说这店经营的是年节时令小吃，按节令变换轮番供应风味食品，如寒食节的"冬令粥"、中秋节的"玩月羹"、腊日的"萱草面"等。

宋代以前，都会的商业活动均有规定的范围，有集中的市场，如长安的东市和西市。宋代的汴京已完全打破了这种传统格局，城内城外，店铺林立。这些店铺中，酒楼饭馆占很大比重。据《东京梦华录》的记述，汴京御街上的州桥一带就有十几家酒楼饭馆，其他街面上的食店更是数不胜数。

饮食店在宋代大体可区分为酒店、食店、面食店、荤家从食店等几类，经营品种有一定区别。除了酒店以外，一般经营的食品大都可以归入小食之列。如食店经营头羹、石髓羹、白肉、胡饼、桐皮面、寄炉面饭等；川饭店经营插肉面、大燠面、生熟烧饭等；南食店经营鱼兜子、煎鱼饭等。羹店经营的主要是肉丝面之类，是快餐类的小食。《东京梦华录》里记汴京御街上的州桥一带就有十几家酒楼饭馆，其他街面上的食店更是数不胜数，经营小食的店铺有曹婆婆肉饼、曹家从食、鹿家包子、徐家瓠羹店、张家油饼、段家熬物、史家瓠羹、郑家油饼店、石逢巴子、万家馒头、马铛家羹店等。

汉画市肆图（四川成都）

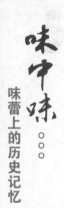
南宋的杭州，市肆小食品种繁多，可谓是数不胜数。《梦粱录》卷十六所列"食次名件"，看到临安的市肆小食有这样一些名称：

百味羹　锦丝头羹　十色头羹
闲细头羹　酥没辣　海鲜头食
象眼头食　百味韵羹　杂彩羹
集脆羹　五软羹　三软羹
四软羊　三鲜粉　生丝江瑶

四软羹　双脆羹　五味炙
三脆羹　群鲜羹　脂蒸腰子
虾元子　八焙鸡　辣菜饼
熟肉饼　羊脂韭饼　三鲜面
盐煎面　笋泼肉面　大熬面
虾鱼棋子　丝鸡棋子　丝鸡淘
银丝冷淘　素骨头面　生馅馒头
煎花馒头　荷叶饼　菊花饼
月饼　梅花饼　重阳糕　肉丝糕

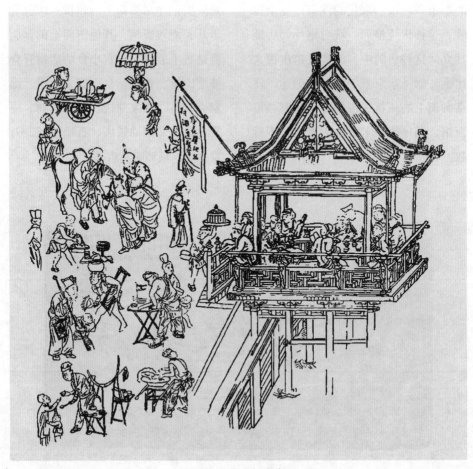

金代壁画酒楼食肆摹本

水晶包儿　虾鱼包儿　蟹肉包儿
鹅鸭包儿　笋肉夹儿　油炸夹儿
甘露饼　羊肉馒头　太学馒头
蟹肉馒头　炊饼　丰糖糕
乳糕　镜面糕　乳饼　枣糕
裹蒸馒头　七宝包儿　拍花糕
金橘水团　栗粽　裹蒸粽子
巧粽　麻团　稻团　薄脆
丝鸡面　炒鸡面　七宝棋子
四色馒头　芙蓉饼

开炉饼　笋肉包儿　细馅夹儿
糖肉馒头　栗糕　笋丝馒头
山药元子　澄粉水团　豆团
春饼

这些小食名目花样真是不少，我们知道有许多吃法一直传递到了现代，有的连名字也没有变改，依然是风味小吃。这传统应当还会延续下去，保存下去。

◎ 小食：古代节令主打食物

中国饮食文化传统中的岁时饮食风俗很有特色，与年节风俗相关的一系列饮食活动和许多特别的饮食品物，让世世代代的中国人其乐陶陶、其乐融融。

中国岁时饮食文化传统有悠久深厚的历史背景，有雅俗兼备的文化品位，有丰富多彩的食物品类。中国岁时饮食重在体现尝新、健体、融情几个方面，中国人就这样在享受大自然的同时，养性健身，将一种民族的人文景观演绎得多姿多色、尽善尽美。

中国的节日多数都体现有季候特点，同四季的变换紧密相关。如立春、立夏、夏至、冬至、清明、中秋、伏日、腊日，便都是以季候设节。与各种节日相关的有丰富多彩的饮食活动，人们在节日中享用风味独特的小食等节令食品。大约从汉代开始，中国就形成了比较完备的节日体系，有了一些特别的饮食风俗。汉末以后，已出现一些记叙节令和节令食品的著作。在唐宋之际的一些文献中，更有不少关于节令饮食风俗的系统而具体的记述，市肆上也出现了专售节令食品的饮食店。到了宋代，市肆食店也很重视节令食品的经营，唐人的传统得到进一步发扬。《东京梦华录》述及汴梁市肆食店的小食类节日食品，寒食有稠饧、麦糕、乳酪和乳饼等。《梦粱录》则提到杭州端午满街卖粽子，还提到食店中出售的其他节令食品有菊花饼、月饼、重阳糕、枣糕、栗糕、澄粉水团、栗粽、裹蒸粽子、巧粽、豆团、糍团、春饼等。

以本土物产为出发点的中国岁时饮食传统，同时还体现有一些时令特点。顺应时令安排饮食生活，成为中国岁时饮食传统的又一个显著特点。在中国的大部地区，特别是长江和黄河中下游地区及华北地区，大都是四季分明，物产也很丰富。与这种气候地理环境相适应，形成了诸多很有特色的节令饮食风俗，对夏季的炎热、冬季的寒冷，我们都有相应的节令小食，不仅丰富了饮食生活，而且活跃了节日气氛。

夏日炎炎，难耐的暑热令人食欲不振，于是清淡的祛暑食物成了最受欢迎的食物，例如冷面便是夏令最受欢迎的大众食品之一。夏至是夏季的一个重要节候，在古代它没有像立夏那样受到重视，虽然一直没有成为普遍节日，但南方一些地区，它的意义却超出了端午之上。夏至标志着炎热天气的开始，这一日有的地方要象征性地食用一些冰凉食物，冷面就是其中最常见的一款。关于夏至食冷淘面，《帝京岁时纪胜》有相关记载："夏至，京师于是日家家俱食冷淘面，即俗说过水面是也，乃都门

之美品。……谚曰'冬至馄饨夏至面'。"明清之际，北京的冷淘面非常著名，有"天下无比"的称誉。冷淘面早在唐宋时代就已很流行，杜甫有一首《槐叶冷淘》，就写到了食冷面的感受，诗中有"经齿冷于雪"的句子。又据《东京梦华录》和《梦粱录》等书的记载，宋代两京的食肆上还有"银丝冷淘"和"丝鸡淘"等出售，丝鸡淘即是鸡丝冷面。

六月伏日在古时也是一节，与冬季的腊日相对应。伏日的食物以防暑为主，腊日则以驱寒为主。汉代杨恽《报孙会宗书》说："田家作苦，岁时伏腊，烹羊炮羔，斗酒自劳"，这说明汉代时在民间已是很重伏腊风俗了。《东京梦华录》说："京都人最重三伏，盖六月中别无时节，往往风亭水榭，峻宇高楼，雪槛冰盘，浮瓜沉李，流杯曲沼，包炸新荷，远迩笙歌，通夕而罢。"古时各地伏日的节物多以清凉为要，有凉冰、冰果、绿豆汤、过水面、暑汤和新莲等。《清嘉录》说，清代的苏州在三伏有担冰上街叫卖的，称为凉冰，有时还杂以杨梅、桃子、花红之属，称为冰杨梅、冰桃子。又据《民社北平指南》说："入伏亦有饮食期，初伏水饺，二伏面条，至三伏则为饼，而佐以鸡蛋，谓之贴伏膘。谚云：头伏饽饽二

1642年，张翀作《春社图》。

伏面，三伏烙饼摊鸡蛋。"面条之类的食品，古时通称为饼。《荆楚岁时记》说伏日要食汤饼，称为避恶饼，那其实就是面条。

冬季的节令，与夏季气候正相反，人们于冰雪中取温暖，于寒冷中求热烈。为了迎接冬天的到来，古代

于十月一日这一天有特定的饮食活动，虽然这一天并不是名目很明确的节令。黄河流域的人们将这一日作为冬季的首日，《事物原始》说，"十月一日，……民间皆置酒作暖炉会。"《东京梦华录》也说："十月朔日，有司进暖炉炭，民间皆置酒作

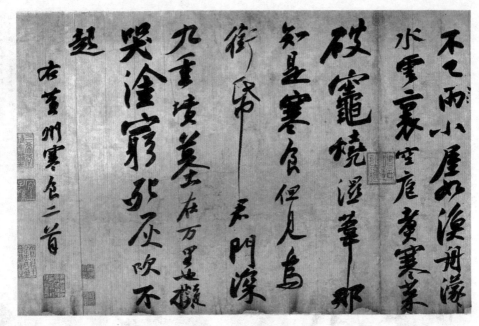

苏轼《寒食帖》局部

暖炉会。"北方人此日开始生火御寒，饮酒作乐，故此就有了"暖炉"之名。

　　冬季最重要的节令是冬至，古时甚至将冬至看得比除夕还重。冬至时有特别的小食，对北方人而言，以馄饨最盛。宋代《咸淳岁时记》说：冬至"三日之内，店肆皆罢市，垂帘饮博，谓之做节。享先则以馄饨，有'冬馄饨年馎饦'之谚。贵家求奇，一器凡十余色，谓之百味馄饨"。《岁时杂记》也说："京师人家，冬至多食馄饨，故有'冬馄饨年馎饦'之说。又云'新节已故，皮鞋底破，

大捏馄饨，一口一个'。"《民社北平指南》说："十一月通称冬月，谚谓'冬至馄饨夏至面'者，盖是月遇冬至日，居民多食馄饨，犹夏至之必食面条也。"冬至食馄饨的用意，据《燕京岁时记》的解释说："馄饨之形有如鸡卵，颇似天地浑沌之象，故于冬至日食之。"

　　冬至之后，还有一个腊八节，时在十二月初八。腊八古称腊日，来源很早，是一个祭祖宗和百神的重要节日。我们现在虽然没了这个传统节日的隆重仪礼，却仍是看重腊八粥和腊八蒜。腊八蒜为腊八制作，并不在腊

八食用。《春明采风志》说："腊八蒜亦名腊八醋，腊日多以小坛甖贮醋，剥蒜浸其中，封固。正月初间取食之，蒜皆绿，味稍酸，颇佳，醋则味辣矣。"腊八粥可能与佛教有关。传说乔达摩·悉达多饥饿时吃了牧女煮的果粥，十二月八日在菩提树下静思成佛，他就是佛祖释迦牟尼。后来佛寺要在腊八日诵经，煮粥敬佛，这便是腊八粥。《梦粱录》说：腊八"大刹等寺俱设五味粥，名曰腊八粥"。《武林旧事》也说："寺院及人家皆有腊八粥，用胡桃、松子、乳蕈、柿、栗之类为之。"腊八粥的用料，有的地方是用八种左右，有时并无限数。据《天咫偶闻》说："都门风土，例于腊八日，人家杂诸豆米为粥，其果实如榛栗菱芡之类，矜奇斗胜，有多至数十种。"腊八粥富于营养，是御寒佳品。

馄饨适于热食，冬至食用自然为佳品，与夏至的冷面正相反。腊日食热粥，又与伏日的凉冰暑汤不同。这说明中国岁时对食物品类的选择，以顺应时令特点为一重要原则。这种选择的出发点是身体的承受能力和适应能力。

包括北京人在内的华北一带的人，在冬春爱吃一种翠皮紫心萝卜，名为"心里美"。《燕都杂咏注》说，立春食紫萝卜，名为"咬春"。《燕京岁时记》也说：立春日"妇女等多买萝卜而食之，曰咬春，谓可以却春困也"。清甜寒齿，清心却困，名之为心里美是太好理解了。北方人与这心里美同季的特色食物还有一款冰糖葫芦。《燕京岁时记》写道："冰糖葫芦乃用竹签贯以葡萄、山药豆、海棠果、山里红等物，蘸以冰糖，故脆甜而凉，冬夜食之，颇能去煤炭之气。"冬日离不了炭火取暖，体内难免火盛，取冰糖葫芦败火，甜酸可口，那是最好不过的了。冰糖葫芦至今在京城仍然很受欢迎，而且不限冬日享用。

除了冰糖葫芦，北人还以冬至食赤豆粥败火。《岁时杂记》说："冬至日以赤小豆煮粥，合门食之，可免疫气。"这就是现在的红豆粥。粥作为节日食品，用得比较多，值得提到的还有祭灶日的口数粥。《乾淳岁时记》：十二月"二十四日谓之交年，祀灶用花饧米饵，及作糖豆粥，谓之'口数'"。《武林旧事》也说："二十四日作糖豆粥，谓之'口数'。"范成大为此还作有《口数粥词》，这粥大小老少人人都要吃，猫犬都不例外，因此名为口数粥。口数粥也是赤小豆粥，同冬至粥一样，目的主要也是为了防瘟病。

中秋赏月和享用与月亮有关的节物，至迟在唐代已成风气，这已是名副其实的中秋节了。中秋最佳节物是月饼，这在古今均是如此。《熙朝乐事》说："八月十五谓之中秋，民间以月饼相遗，取团圆之义。"又见《帝京景物略》说："八月十五日祭月，其祭果饼必圆，分瓜必牙错瓣之如莲花。……月饼月果，戚属馈相报，饼有径二尺者。"月饼如此之大，当然象征大团圆了。月饼在古时又称为团圆饼，《酌中志》说，八月十五日"家家供月饼瓜果，候月上焚香后，即大肆饮啖，多竟夜始散席者。如有剩月饼，仍整收于干燥风凉之处，至岁暮合家分用之，曰团圆饼也"。《燕京岁时记》也说："中秋月饼，大者尺余，上绘月宫蟾兔之形，有祭毕而食者，有留至除夕而食者，谓之团圆饼。"中秋月饼留到除

年画灶王爷

夕去"团圆",将两个相隔数月的年节联结起来,也使得合欢团圆的主题更进一步地深入到人们的内心之中。

农历二十四节气的首节是立春,它常常是在春节之前到来,所以古时非常重视这个节日,不像现代人这样冷漠地看待它。在《礼记》注引的《王居明堂礼》中,记周天子在立春之日,亲率三公九卿诸侯大夫,往东郊行迎春礼,赏赐群臣,这表明了上古对立春礼仪的重视。根据后来的文献得知,立春日有以"春"命名的筵宴与节物,其中"春盘"最为特别。春盘的主要内容是萝卜、春饼、生蔬,算不上是佳肴。据唐人《四时宝镜》说,"东晋李鄂,立春日以芦菔、芹菜为菜盘相馈贶,立春日春饼生菜号春盘"。《摭遗》中也有类似说法,并说春盘最早是由江淮间流传起来的,后来传入宫中。《燕都游览志》记明代"凡立春日,于午门外赐百官春饼"。食春饼还要配以五辛盘,用五种或更多生菜如芹、韭、萝卜和粉皮等做成,这与上面提到的五辛有些不同。《熙朝乐事》记立春之仪说,"缕切粉皮,杂以七种生菜,供奉筵间"。春寒之时,生菜并不能多食,所以《齐人月令》还告诫说:"凡立春日食生菜,不可过多,取迎新之意而已"。"辛"和"生",都

寓"新"之意,为了迎新迎春,这是食生食辛的本意。苏东坡有诗曰:"渐觉东风料峭寒,青蒿黄酒试春盘。"在寒冷中领受春来的消息,感受新年的春意,春盘被古人当作了一个特别的媒介。

九月九日的重阳节,是继中秋之后又一个重要的秋节,此日要游宴登高,饮菊酒食花糕。《荆楚岁时记》已提到"九月九日,四民并藉野宴饮",《千金月令》则明确提到了重阳登高游宴,"以畅秋志"。唐代时很注重这个节令,将他作为一个特定的思亲的日子,写下了许多佳篇。韦庄的"一杯今日酒,万里故乡心",王维的"独在异乡为异客,每逢佳节倍思亲",都是诗人在重阳节留下的千古绝句。

重阳正值秋菊盛开,赏秋菊、饮菊酒、食菊花糕为这一节令的中心活动。一款重阳花糕,因糕与"高"同音,寓吉祥之意,食糕与登高的用意有些相似。据《文昌杂录》所记:"唐时节物,九月九日则有茱萸酒、菊花糕。"重阳花糕,有时是用菊花为饰,直接名菊花糕;有时是杂以枣栗粉面,统称花糕。《京都风物志》说:"重九日,人家以花糕为献。其糕以麦面作双饼中夹果品,上有双羊像,谓之重阳花糕。"又据《燕京岁

时记》的记述，"花糕有两种：其一以糖面为之，中夹细果两层三层不同，乃花糕之美者；其一蒸饼之上，星星然缀以枣栗，乃糕之次者也。每届重阳，市肆间预为制造以供用"。这样细心装点的重阳花糕，表达了人们对美好生活步步高的追求。

一年之中的岁节，各代风俗移易，所注重的中心并不完全相同。据唐代李肇的《翰林志》，由唐代朝廷对翰林学士的岁节关照上，可知当时选定的大节主要有寒食、清明、端午、重阳、冬至，在这些节日里由内府供给特别的节料。所供给的节料寒食是杏酪、粥屑，清明是蒸环，端午是角黍，重阳是粉糕，冬至是岁酒、野鸡等。

在宋代，帝王在年节对臣下有赏赐，称为"时节馈廪"，据《宋史·礼志二十二》所记，宋代选定的全国性时节有正旦、至日、立春、寒食、端午、伏日、重阳等，与唐代略有不同。在这些节日所赐的食物，立春为春盘，寒食为粥，端午为粽子，重阳为糕等。

据《明会典》的记载，明代"凡立春、元宵、四月八、端阳、重阳、腊节，永乐间俱于奉天门通赐百官宴"。这表明岁节的轻重，朝廷是有所选择的，这与前代又有了一些不同。明代这些节日及节日特色食品，按《明会典》的记述如下：

正旦节——茶食、油饼、馒头等；

立春节——春饼等；

元宵节——馒头、汤圆等；

四月八节——不落荚、凉糕等；

端午节——馒头、粽子等；

重阳节——糕、点心；

冬至节——馒头、马羊肉。

明代共有七个国家性节日，食物品类并不复杂，较为传统。

到了清代，全国性的年节主要有元旦、立春、端午、中秋、重阳、冬至等，与前代相比，又略有一些变化。年节及饮食品类大体如下：

元旦——饺子、元宵；

立春——春饼、春盘；

端午——粽子；

中秋——月饼、瓜果；

重阳——菊酒、花糕；

冬至——馄饨。

历史发展到今天，在民间保留的具有全国性意义的年节，除了春节以外，端午、中秋和重阳只在某些地区或范围较为重视，有的除保留传统的节日食品外，基本体现不出节日气氛了。至于像冬至这样的在古代极重视的节日，我们似乎已经将它忘却了。

◎御膳不拒小食

小食之于平民的饮食生活，那是不能缺少的。平日里粗茶淡饭可以，节日里没有特色小食一饱口福，那是非常遗憾的事情。小食之于贵族也是不能缺少的，于帝王们也是如此，山珍海错之外，有小食调节一下胃口，那也是餐桌上的一个乐事。《周礼·笾人》记周王饮食中的小食是"糗饵粉餈"，是米面制作的各式点心，这说明在周代时小食已经成为御膳的一个重要选择。

帝王们所享用的小食，许多都是取自于民间。汉光武帝在一次逃亡途中喝过豆粥，那是当时民间的一道小食。《续汉书》说汉"灵帝好胡饼，京师皆食胡饼"。由于中西交通的结果，边远地区的胡食进入到御膳，也进入到中原平常人的饮食生活中。

历代御膳大多应当是极丰盛的，但典籍所见清以前御膳膳单却极少，帝王们享用过哪些小食也并不完全清楚。《清异录》抄录有谢讽《食经》中的53种肴馔，是十分珍贵的资料。谢讽为隋炀帝的尚食直长，他的《食经》实际是御膳膳单。隋炀帝食单中的肴馔从名称上看，多数是可以归入小食之列的。

唐代韦巨源的《烧尾宴食单》，也收在《清异录》中。韦巨源官拜尚书令（尚书左仆射），照当时的常例要上献烧尾食，以谢隆恩。所献食物的清单保存在他家的旧籍中，这就是著名的"烧尾宴食单"。食单所列膳品名目繁多，《清异录》仅摘录了其中的"奇异者"，也有58种之多。食单中的几十种肴馔名称，其命名风格与谢讽《食经》一致，也包括不少小食品种，如：

单笼金乳酥：是用独隔通笼蒸成的酥油饼。

曼陀样夹饼：在熔炉上烤成的形如曼陀罗果形的夹饼。

巨胜奴：用酥油、蜜水和面炸成，然后敷上胡麻。巨胜，指黑芝麻。

贵妃红：味重而色红的酥饼。

婆罗门轻高面：用古印度烹法制的笼蒸饼。

七返膏：作成七卷花的蒸糕。

金铃炙：作成金铃状的酥油烤饼。

生进二十四气馄饨：二十四种花形馅料各异的馄饨。

生进鸭花汤饼：作成鸭花形状的汤饼，为面条一类的水煮面食。

唐安馔：几样饼合成的拼花饼。

金银夹花平截：剔出蟹肉蟹黄卷入面内，再横切开，呈现出黄白色花斑的点心。

火焰盏口馔：上部为火焰形，下部似小盏样的蒸糕。

水晶龙凤糕：红枣点缀的米糕。

双拌方破饼：拼合为方形的双色饼。

玉露团：印花酥饼。

汉宫棋：作成双钱形印花的棋子面。

天花饆饠：香味夹心面点。

赐绯含香粽子：淋蜜染成红色的粽子。

甜雪：以空浆淋烤的甜而脆的点心。

八方寒食饼：八角形面饼。不必煮熟。

小天酥：鸡肉和鹿肉拌米粉油煎而成。

这些美味，真是五花八门，其中很多如果不加注释，单看名称，我们很难弄清楚究竟是些什么样的馔品。这里包纳有20多种小食点心，品种十分丰富。

唐代开元年间开始，富贵人家的肴馔，几乎都是胡食，全都改吃"西餐"了，这与汉灵帝时的情形很有些相似。唐时流行的胡食主要有馎饦、饆饠、烧饼、胡饼、搭纳等，许多都可以归入地方风味小食之列。馎饦为油煎饼，唐以前制法已传入中原，《齐民要术》载有制法。烧饼与胡饼可能区别不大，都可包葱肉为馅，炉中烤熟。唐代皇帝还曾用胡饼招待外宾，视为上等佳肴。日本僧人圆仁《入唐求法巡礼行记》记载说："立春，命赐胡饼寺粥，时行胡饼，俗家皆然"。饆饠究竟为何物，曾使古今学人穷思而不得其解。一说是馅饼之类，一说为抓饭之属，后一说出于现在学者的考证。段成式《酉阳杂俎》记唐长安至少有两处饆饠店，一在东市，一在长兴市，饆饠卖时以斤计，主要佐料有蒜。又据《卢氏杂说》云："翰林学士每遇赐食，有物名饆饠，形粗大，滋味香美，呼为'诸王修事'。"形状粗大的美味，显然不是抓饭。不过饆饠为胡食是肯定的，唐人释玄应《一切经音义》早有明说。饆饠传到中原和南方，制法和用料都有了改进，唐宋时代有蟹黄饆饠、猪肝饆饠、羊肾饆饠、羊肝饆饠等新品种，成了一种风味独特的饼食。

在清宫膳档中，我们发现在帝后们在餐桌上除了山珍海错，也有各色小食。如咸丰十一年十月初十日，皇

乾隆十二年（1747年）十月初一日膳单

清宫食盒

清帝的餐巾：怀挡

太后慈禧所用的一桌早膳中，就有饽饽四品——百寿桃、五福捧寿桃、寿意白糖油糕和寿意苜蓿糕，另外再加一碗鸡丝面。

清代的皇室成员除了享用御膳房供给的膳食，皇太后、皇后、贵妃等人还有自己的小厨房。慈禧听政后，也设有私厨，称为"西厨房"。西厨房能做点心400余种、菜品4000多种。慈禧爱吃的小吃，主要有小窝头、饭卷子、油性炸糕、烧麦、炸三角、黄色蛋糕、荷叶粥、藕粥、小米粥、薏仁米粥、菜包鸽松、樱桃肉等。

叁

炊烟袅袅

烹饪之法，为人界的独创与独享。种种烹饪之法，是科学与文化进步的原动力。

炊烟升起，不仅仅是食欲获得了希望，也是历史延续的希望。更何况，我们还有"治大国若烹小鲜"的感觉，庖厨可真的不可小觑。

◎古老的石烹与陶烹

最初的熟食，或者称为原始的烹饪，那是最简单不过的。既无炉灶，也还不知锅碗为何物，陶器尚未发明，人还是两手空空。这时的烹饪方式主要还是烧烤，或者还会"炮"。鄂伦春人有时将兽肉直接丢在火堆中烧熟，有时则用树枝串起肉来，插在篝火旁炙烤。苦聪人吃刺猬时，用泥土包住整个刺猬放火内烤，这便是炮。从这类例子中，我们可以看到先民们饮食生活的缩影。

还有一种"石板烧"，不仅有现代民族学的例证，也见之于古代文字记载。《礼记·礼运》注云："中古

无陶石烹图

未有釜甑，释米捋肉，加于烧石之上而食之耳。"《古史考》也说："神农时民食谷，释米加烧石之上食之。"即是说，将米和肉放在烧烫的石板上烤熟再吃。云南独龙族和纳西族，常在火塘上架起石块，在石板上烙饼。这个法子在美洲荷匹族中也很流行，不仅只中国独有。

利用石块熟食，还有一种绝妙的做法。东北地区的一些少数民族将烧红的石块投进盛有水和食物的皮容器内，不仅水能煮沸，连肉块也能烹熟，只是投石过程要反复多次以至数十次。云南傣族宰牛后，将剥下的牛皮铺在挖好的土坎内，盛上水和牛肉，然后将烧红的石头一块块投进水里。鄂伦春人也用烧石投进桦树皮桶里煮食物，有时还把食物和水装进野兽的胃囊，架在篝火上烧烤。类似办法在世界其他原始民族中也很流行，如平原印第安人也用牛皮当锅烹煮食物。这些方法可称之为无陶烹饪法，在没有发明陶器的时代，可算是绝顶高超的烹法，人们的美味大餐就用这原始的办法做了出来。

从这些发明看，并不是有了铜鼎铁锅才有美味。类似办法还有许多，比如盛产竹子的南方，人们截一节竹筒，装上生食，煨在炭火中，同样能做出香美的馔品，古时文人称之为"竹釜"。在柳条筐里炒谷子则更有趣，将几块烧红的炭块放进盛谷子的筐内，不停地晃动筐子，熟练的技巧炒熟了谷子，而筐子依旧完好无损。这虽是国外的报道，说不定我们的先人们也会这一手哩！

还值得一提的是，有一类石块具有很好的保温性能，在古时人们曾拿它做成独特的烹饪器具。据唐代刘恂的《岭表录异》所载，岭南康州悦城县山中有"樵石穴"，当地人常常采取这樵石琢成烧食器，把它放火中烧热，拿出来用物体衬垫稳妥，接着便可放入生鱼肉及葱韭等佐料，很快便能熟透，直到吃完一顿饭，这烧石器仍然十分滚烫。很难判断这种樵石的使用究竟有多久的历史，但它是在石烹法流行过程中被开发利用的，这大概可以说明其历史渊源也可追溯到上古时代。

种植业成为一种主要的食物获得手段，人们的饮食结构发生了根本性的变化。谷物已成为主要的食物，不过如何食用，却成了一大难题。谷物一般不宜于生食，起初大概是将谷粒放在石板上热烤，或放在竹筒中烹熟，类似方法说不清延续了多少个世纪。

人们在寻求烹饪谷物的新方法。

天上降下一场大雨，地上变得一

片泥泞。雨过天晴，湿软的黏土被烈日晒得十分坚硬。要是再遇到雨天，硬泥立即又变软。这种司空见惯的事，也许不会引起人们的兴趣。但是在另外一些场合下就不同了，比如在湿地上或硬土上燃起篝火，火堆下的泥土烧干烤红了，那儿可能再也不会因雨而变为泥泞；无意中落到火堆中的黏泥块烧结了，再也不变形了；或者泥筑的居所不慎失火，地面与墙壁被烧烤得更加坚硬……这些现象的反复出现，会触发人们的好奇心。人们发现自己使用的容器都经不住火的考验，如葫芦、竹筒以至简陋的篮子，不小心一入火中，便会化为灰烬。而泥土却不怕烈火，遇火反而更坚实。于是人们便在这些易燃的容器外抹上一层黏泥，再放到火里一试，果然不怕火烧。烤灼时间一长，里面的容器还是冒出了青烟，最终化为灰烬。当人们还没来得及灰心叹气的时候，便奇迹般地发现，原来里面的容器虽已无存，而外面的泥土层却没坏，反而变成了新的容器，陶器大概就这样在反复试烧中发明出来了。

陶器发明了，人类又完成了一项科学革命。有了陶器，可以将它直接放在火中炊煮，这为从半熟食时代进入完全的熟食时代奠定了基础。陶器显然是为适应新的饮食生活而创造

的，当种植业发明以后，人类有了比较稳定的生活来源，不再像过去那样频繁迁徙，开始了定居生活，陶器正是在这种时候来到人们的世界里的。最初的陶器多为炊具，也可以证明这一点。制炊具的陶土羼和有砂粒、谷壳、蚌壳末等，具有耐火、不易烧裂和传热快等优点，这些成功的经验在现代也仍是一条不可违越的定规。不可小看了这些粗糙的陶器，人们在开始连给它装饰花纹的想法都没有，可是如果没有它们，后世就不会造成粗美的青铜器和高雅的瓷器，这是人类依靠科学而进步的一个伟大开端。

定居生活开始，一座座简陋的房屋聚合成村落，人们按一定的社会和家族规范生活其间。这些矮小的住所，既是卧室兼餐厅，同时又是厨房，没有更多的设备，几乎无一例外都有一座灶炕，再就是不多的几件陶器。生活在距今六七千年前的关中地区仰韶文化居民，居住的是半地穴式房屋，上面是木结构的草屋顶。居室中间多半是一个平面像葫芦瓢形的火塘，火塘旁边还埋有一个陶罐，那是专门储存火种的。烹饪用的陶罐可以直接煨在火塘内，也可以用石块支起来。到了龙山文化时期，人们普遍住上了抹得平整光滑的白灰面房子，居室中心仍固定为火灶之所。在寒冷的

冬季，当太阳匆匆落下以后，一家人就围着这火灶吃饭、睡觉。

中国的原始陶器，按传说有三人享有发明权，即昆吾、神农、黄帝。《世本》说"昆吾作陶"，又说"神农耕而作陶"。《古史考》说"黄帝始造釜甑，火食之道成矣。"又说"黄帝始蒸谷为饭"、"烹谷为粥"。传说多有矛盾，尽可不必信以为真。

最早的加砂炊器都可以称为釜，古人说它是黄帝始造。黄帝被我们尊为始祖，传说他先为轩辕氏部落首领，定居西北高原，后来东进，在坂泉（今河北涿鹿东南）一拳打败炎帝，又击败九黎族，擒杀蚩尤，被推为炎黄部落联盟首领。又传说宫室、舟车、蚕丝、医药、棺椁、文字、历法、算数、音律等，都是黄帝时代所发明。将"始造釜甑"，以至于成就"火食之道"的功勋，都归于黄帝，这是可以理解的，是为了附会他"成命百物"的说法。只是古人把黄帝生存的年代定得太晚了，包括三皇中的燧人氏、伏羲氏与神农氏，都定得太晚了。燧人氏和伏羲氏应早到旧石器时代，而神农和黄帝该是新石器时代初期，他们基本代表了几个不同的饮食时代。

炊器中陶釜的发明具有第一位的重要意义，后来的釜不论在造型和质料上产生过多少变化，它们煮食的原理却没有改变。更重要的是，许多其他类型的炊器几

河姆渡文化陶炉灶（浙江余姚）

磁山文化陶盂（河北武安）

仰韶文化陶炉（河南陕县）

史前熟食图

乎都是在釜的基础上发展改进而成。例如甑便是如此。甑的发明，使得人们的饮食生活又产生了重大变化。釜熟是指直接利用火的热能，谓之煮；而甑烹则是指利用火烧水产生的蒸汽能，谓之蒸。有了甑蒸作为烹饪手段后，人们至少可以获得更多的馔品。

从陶甑上可以看出南北两地文化的一大差别：北方的甑不如南方的古老。差别还表现在其他饮食器具上，如鼎，在商周时曾被作为王权的象征，是最重要的青铜礼器，而黄河中下游地区7000年前原始的陶鼎便已广为流行，几个最早的文化集团都用鼎为饮食器，鼎的制法到造型都有惊人

的相似之处，都是在容器下附有三足。陶鼎大一些的可作炊具，小一些的可作食具。大约经历了不到一千年的时间，也就是到了仰韶文化前期，关中地区用鼎的传统突然中断了，生存近两千年之久的半坡人部落，没有用过哪怕是一件标准的陶鼎。不过在黄河下游地区，这个用鼎的传统并未中断，继北辛文化发展起来的大汶口文化和山东龙山文化，依然流行用鼎做饮食器。

鼎在长江流域较早见于下游的马家滨文化，河姆渡文化只是晚期才有鼎。中游的大溪文化也只是晚期有鼎，而屈家岭文化则盛行用鼎。河姆

渡和大溪文化虽不多见鼎，却发现许多像鼎足一样的陶支座，可将陶釜支立起来，与鼎同功。

与鼎大约同时使用的炊具还有陶炉，南北均有发现，以北方仰韶和龙山文化所见为多。仰韶文化的陶炉小而且矮，龙山文化的为高筒形，陶釜直接支在炉口上，类似陶炉在商代还在使用。南方河姆渡文化陶炉为舟形，没有明确的火门和烟孔，为敞口形式。商周秦汉时风行的火锅，就是在这些陶炉的基础上不断改进完善的结果。

新石器时代晚期，中原及邻近地区居民还广泛使用陶鬲和陶甗作为炊煮器。这两种器物都有肥大的袋状三足，受热面积比鼎大得多，是两种进步的炊具，它们的使用贯穿整个铜器时代，普及到一些边远地区。此外还出现了一些艺术色彩浓郁的实用器皿，有的外形塑成动物的样子，表现了饮食生活丰富多彩的一面。

◎火之家：火塘与火灶小传

烹饪对火源热能的利用，主要是通过炉灶实现的。炉灶的出现，大约是在新石器时代前期，不过并不十分普遍，新石器时代人类的烹饪主要是通过火塘进行的。标准的火灶是迟到战国晚期才得以完善，其构筑原理一直到今天仍然适用，它已经有了2000多年的发展历程。

人类自发现火的利用价值以后，不仅学会了用火，更学会了造火，会用钻木等原始方法得到人工火。我国旧石器时代早期的一些遗址，都曾见到一些灰烬堆积，由于这些灰烬不属原生堆积，曾被搬运扰动过，所以许多谨慎的考古学家都不认为这些灰烬

春秋虎形铜炉灶（山西太原）

可以作为当时人类用火的可靠证据。例如生活在170万年以前的元谋人，尽管在多次考察和发掘中都见到了与元谋人化石同时的大量炭屑和一些烧骨，由于这个地点并非是当时人类的聚集地，所以不能认作是火堆原处的灰烬，也就不能认定是人工用火的遗迹。距今80～75万年的蓝田人化石的产地，也见到几处小范围的零散分布的粉末状炭粒，可能经流水自别处搬运而来，也不会是原生用火地点的篝火堆积。

年代稍晚的北京猿人遗址，发现了堆积很厚的灰烬层，灰烬中夹杂着一些烧裂的石块和烧焦的兽骨，还有烧过的朴树籽，这些是确定不移的人工用火遗址。四川汉源发现的旧石器晚期富林人的石器制作场，见到一些木炭、灰烬、烧骨和大量的树叶印痕，研究认为是富林人制作石器时点燃的篝火的遗迹。

初期的烹饪就是在篝火上进行的，那时尚无陶器，多采用直接烧烤的方式得到熟食。

农耕发明的同时，人类已经有了比较稳固的定居生活，有了简陋的房屋，有了一定规模的村落。炊煮与饮食所用的陶器，也在这个期间发明出来，这时已进入到考古学上所说的新石器时代。

有了定居生活的新石器时代居民，将烹饪和取暖而生起的篝火搬到了居址内，这就是火塘的由来。大约生活在距今8000年前的裴李岗文化居民，在他们直径仅有2米的矮小房屋内，已经开始设置小火塘，火塘就设在居住面上，不曾挖成坑穴，与室外原先使用的篝火堆没什么区别。这类火塘在时代大体相当的白家村文化居址内也能见到，有时还能看到一种掘成浅穴的灶坑。

到了仰韶文化时期，出现了相当大的村落，也有了面积较大的房屋建筑。许多房屋的中心部位都掘有一个圆形和瓢形火塘，也有少数火塘为方形。火塘的位置一般都面对着门道，是室内唯一的设施，这房子于是就兼有了厨房、餐厅和卧室的功能，烹饪、进食、睡眠都在火塘边进行。火塘边上，有时还埋有一个陶罐，罐中满是炭灰，这是火种罐，贮存的火种随时可将火塘的火重新点燃。

龙山文化时期，房屋建筑技术有了新的进步，许多地区都流行以白灰面涂抹居住面的做法，居住面的中心部位仍布置有火塘。火塘大多为圆形，一般都不太深。关中地区见到一种吕字形双间房址，内外室都有圆形火塘，外室还专设一个保存火种的壁龛。

黄河上游的马家窑文化居民和稍晚的齐家文化居民，也都在居室中央设有火塘。火塘有圆形和瓢形的，有些火塘为平地以泥埂垒成，也有极少的用草筋泥堆砌的灶台，后者已不宜再称为火塘了。不过这种少见的灶台只见于一种特大型的建筑，其祭祀性质十分明了，不会是用作烹饪的。马家窑文化还有双联灶和三联灶，一间房址内并列三个或两个火塘，当然类似例子见到的并不多。

在长江流域生活的新石器时代居民，房屋建筑技术及建筑形式与黄河流域有些区别，但屋内的火塘也是不可少的设施。大溪文化居民的房址内，火塘是用烧土和黏土围筑起来的。在有的遗址的房基上，还见到一种三联排灶，三组并排的三联灶排列整齐，每组灶底部有火道相通，前部有一共用的灶门。灶上每个火眼上都是用于放置圆底陶釜的，设想九釜并列，一定是十分壮观的。这显然已不是火塘了，而是名副其实的火灶。这是目前考古发现的年代最早的火灶，已有了6000年上下的历史。

年代较大溪文化稍晚的屈家岭文化，也见到类似黄河流域的双间式住房基址，有的在两间住室的中间部位分别筑有火塘，火塘附近都埋有火种罐。

东北地区的红山文化居民，在自己居住的房子内也掘有类似仰韶文化那样的瓢形火塘，火塘深近1米。火塘一侧还置有方形河光石，被认为切割用的石砧。年代晚一些的富河文化居民，也在室内建有火塘，有的并不见灶穴，而是平地生火；有的则为方形灶穴，或者在四周砌上石条，灶旁也埋有火种罐。

西藏地区的卡若文化居民，有以石块作建筑材料的传统，房子以石块砌墙，火塘也用石块砌边。火塘既见到平地生火的不定形，也有以石块围垒而成的圆形和口边嵌有石块的锅底形，也有用烧土围成的浅盘形。

属于夏商时代的二里头文化遗址，除了见到大型宫殿基址外，也有一些小型居址，居住面上也有瓢形火塘，与新石器时代的火塘没有明显区别。这种情形一直到商代中晚期都无太大改变，郑州商城内和安阳殷墟内都发现过设有火塘的小型居址，有的在一座居址内设有3个火塘。

到了西周时代，依然沿用着新石器时代的传统，一般平民的烹饪活动都在室内的火塘边进行。在周代都邑遗址中，就见到屋内墙根下有椭圆形火塘的房屋基址。

自东周以后，由于一般平民居址的考古发掘做得很少，室内是否还普遍设有火塘尚不明了。不过从战国末年即出现用陶灶随葬的情形分析，火灶不仅已经出现，它取代火塘的趋势也已明显地体现出来。

火塘的设置确与野外的篝火有一定的渊源关系，两者的燃烧形式大体相同，都是开放式的。掘有一定深度的火塘，燃烧形式略有改变，已开始向半封闭形式转变，到火灶出现时就有了封闭式的燃烧形式。有了这后一种燃烧形式，烹饪较之以前就有了更便利的条件，烹饪技巧也就有了向全面发展的可能。

与火塘相适应的炊具，主要是一些具有一定深度的陶釜。后来普遍使用的鼎和鬲等三足器，也大都是放在火塘上进行炊煮的。火塘的设置，延续的年代相当久远，到后来实际上阻滞了烹饪文化向更高水平的发展，仅在炊具数千年无多大改变这一点上就表现得相当明显。

在新石器时代，室内的火塘是家庭成员活动的中心所在，一直到商周时代仍是如此，所以火塘在人们的心目中占有很重要的地位。当代许多仍在使用火塘进行烹饪的民族，也都以火塘为最神圣的场所，不能跨越，不可侵辱。古人因火塘之重要，还有专门的灶神礼拜仪式，《礼记·祭法》提到平民百姓必须至少举行一种礼典，就是祭灶。这习俗竟一直沿袭到今天，拜祭灶王爷仍是许多乡间老妇们津津乐道的事情。

这也难怪，人类以大地为母，大地以丰富的营养和水源献给人类享用，而在相当范围内，大自然的恩赐都是通过火传达给人类的，使人得到滋养，成为最富灵气的世界的主宰。同样地，火还为人类带来光明和温暖，火是人类社会和文化发展的驱动器，人类崇拜火、崇拜火灶，自然是在情理之中的。

我们已经知道，虽然早在距今6000年前的大溪文化时期就已有了火灶，但那只不过是一种地灶，没有灶台，也没有专门构筑的烟道，这种地灶，与我们现在郊游时在田边地头所掘的野炊火灶没有什么区别。战国时孙庞斗智，孙膑诈设的10万军士使用的地灶，也应当就是类似的样子。

新石器时代居民发明的火塘，一直没有多大改变地沿用到了商周时代，时间延续达6000年之久。高台火灶的始造年代，估计不会晚于战国时代。那个时代以前广泛使用的鼎鬲类炊具已经不再受到重视。鬲的足部越来越矮，最后做成了圜底器，这便是釜类炊具。与釜相适应的灶也垒成了，凹入地下的火塘逐渐退出人们的饮食活动。考古发现证实，战国秦人已有了高台火灶，他们最先将陶火灶模型作为随葬品埋入墓中。由此看来，生活在关中地区的秦人可能是火灶的发明者，他们在烹饪技巧的发展上当要先进一步。当然，战国时代的六国地区可能大多开始建造火灶，只是还没有以陶灶随葬的习惯。如果是这样，火灶的发明权还不能确定地划归给秦人。

秦统一以后，秦国故地仍流行以陶灶作主要随葬品的做法，其他地区也陆续开始仿效这个传统，富贵者死后一般都要用陶灶随葬，为的是保障他们在冥间仍然能享受到美味佳肴。楚国故地的江汉地区，是继秦人之后较早开始用陶灶随葬的地区，如江陵和云梦发掘的西汉早期墓葬中，就见到有很标准的陶灶。到西汉中期以后，使用陶灶随葬的现象已十分普遍，黄河中下游地区和两湖两广地区、长江下游地区和四川一带，都出土了不少这个时期的陶灶。

自东汉时代开始，随葬陶灶的地域有更大扩展，从一个侧面反映火灶使用的范围有越来越大的趋势。经魏晋、南北朝至隋唐时代，陶灶（新见的还有瓷灶和铜灶等）仍然是一些较大规模墓葬的必备随葬品。宋元时代，还能见到随葬灶的例证，只是远不如过去那么普遍了。在北京南郊发掘的一座大型辽代墓葬中，发现一偏室中砌有砖灶，灶上放置着铁锅、石锅、玉碗和铜勺等，看样子这是一种象征性的厨房，古代墓葬中如此设厨的例子还不多见。

陶灶是现实生活中火灶的模型，我们可以由出土的大量陶灶看出火灶的时代特点与地域特点，找到它发展变化的轨迹。

秦人的火灶样式，根据陕西凤翔的发现看，整体呈前方后圆样式，前有火门，后有烟囱，灶面有3个火眼，这已是相当标准的火灶了。西汉早期的火灶，灶面有一种为曲尺形，后面常有一挡板，可能表示火灶是倚墙而立，湖北江陵和宜昌都见到过这种样式的陶灶。这类火灶一般不见有烟囱，火眼大多只有两个。

从西汉中期开始，陶灶的式样变化较多，以长方形的为主，比较明显的变化是：烟囱显著加长增高，无烟囱的极少；火门上方开始见到高出灶面的挡火墙，只是比较低矮；少数灶面上见到食物堆塑与刻画，生活情趣比较浓厚。这时期的火灶以双火眼为多见，为一釜一甑。也有一定数量的单火眼灶，多火眼灶较少见到。南昌东郊出土过一件4火眼的排灶模型，各有一个火门，共用一个烟囱。洛阳金谷园发现1件陶厨房模型，厨房中置有

汉画庖厨图

一件双眼火灶，是西汉时代烹饪场所的一个缩影。

东汉时代的陶灶已有明显的地区差别，南北两个系统开始形成。从发展趋势看，南北两地火灶的挡火墙都较西汉时期有了加高，尤其是北方已有阶梯形挡火墙，见于北京平谷、山东滕县和陕西勉县等地。从平面上看，北方多前方后圆式，南方多见尖尾弧背式。不论南北，陶灶表面都较以前更富于装饰性，灶面上刻着鱼鳖和蔬菜图形，还有刀、钩、盘、盏等厨具的图形，有的在火门一侧还塑有庖人、家畜乃至油耗子的形象，十分生动。值得特别提到的是广州汉墓出土的陶灶，灶身两侧往往附着一些陶器，火门两侧也塑有移情别庖人和家

畜，生动自然。东汉火灶的样式不仅从这些陶灶上体现得十分真切，在大量的画像石和画像砖上也表现得相当真实，模型与绘画可以结合起来研究，都是十分宝贵的资料。

汉代以后，南北火灶的差别更加明显，两大体系完全形成。南部的长江流域，火灶均为尖尾弧背形，灶面为弧形而不是平面，后端呈尖圆形并略向上翘起，有烟孔。湖北鄂城、武昌，安徽马鞍山、南陵，江苏镇江、金坛等地的东吴墓葬，出土的陶灶都是这种样式。这些灶大都是双火眼，釜甑各一具，表面上有青釉。到了两晋时代，南方的火灶还有这种样式，出土的灶基本都是青瓷器，做得小巧精致，江苏江宁、吴县、句容和湖南

北周庖厨俑（陕西咸阳）

隋代厨俑（湖北武昌）

唐代庖厨俑（陕西礼泉）

长沙的晋墓都发现有这种青瓷灶。北方的火灶大体还是方形，火门上端有不高的阶梯式挡火墙。

南北朝时期，灶形的南北差异仍然存在，不过有了一些新的变化，主要表现在南方受到北方一定的影响。北方的火灶有了明显改变，最引人注意的是都有高而宽的挡火墙，而且一律都是阶梯式，灶面显得较小，多为一个火眼。这种样式的陶灶在内蒙古呼和浩特的北魏墓、河北磁县的东魏墓、河北磁县和山西的北齐墓中均有出土。甘肃敦煌五凉时期的墓葬中，也见到过这种陶灶。南方的火灶虽然还是那种尖尾弧背式，但却仿照北方的做法，在火门上方加上了阶梯式挡火墙，只是没有那么高大罢了。江西高安的一座南朝墓中，就发现了这样的青瓷灶。

隋唐时代的火灶，大体承继了南北朝时期完善的做法，南北的差异没有发展，也不见有调和。北方的火灶仍以小灶面和阶梯形大挡火墙为特点。安阳、西安和咸阳的隋墓，长治、安阳和偃师的唐墓所见的陶灶都是这种样式，而且大都只有一个火眼。南方的火灶后端略翘起，火门上有低矮的阶梯式挡火墙，如武汉市一

江南老式厨房

中国古灶

座隋墓出土的1件陶灶便是如此,还是南朝时期的样子,只是灶面为平面而不是弧面。

通过以上的简略叙述可以看出,古代火灶的类型比较多,它的发展有规律可循,具有很强的时代特点和地域特点。火灶最早当起源于黄河流域的文化发达地区,由于秦统一的原因,火灶作为一种新的事物很快推广到其他地区。又由于南北饮食传统的差异,火灶在造型上形成了南北两大体系。实际上南北的差异直到今天仍然十分明显,在火灶的构筑上,无论造型或是功能,都有很大不同。这一方面是传统力量制约的结果,也是饮食习惯和方式上存在的差异造成的。

伴随着人类走过了漫长历史长河的火塘与火灶,也是一种文化遗产,是包纳在饮食文化之内的一个重要内容。火塘和火灶不仅对烹饪的发展起到了决定性的作用,而且对不同时代饮食方式的形成也产生过重要影响。

回味一下灶具的发展演变历史，使我们更加体味到中国烹饪文化的源远流长，更加真切地体验到民族传统根基的坚实与深厚。

◎蒸蒸日上：蒸食技术

蒸食技术传统在中国烹饪中有悠久的历史，这个历史至少可以上溯到史前时代。对于中国蒸食技术的起源与早期发展，古代文献记载没有保留更多的研究证据，文字的出现年代要晚得多，也不能将希望寄托在文献上。魏晋谯周撰《古史考》，说"黄帝始烹谷为饭，烹谷为粥。黄帝作瓦甑"。烹谷为饭和发明饭甑，这说法也只是提供了一个传说证据，或者只是一个推论，而且黄帝的年代也并不能确指，对于蒸食传统的起源情形我们依然不甚了了。不过我们从大量考古提供的证据出发，可以论定烹谷为饭出现的历史能够早到距今8000多年前。

各地新石器时代文化中普遍见到的器具陶甑，这是重要的实物证据。中国陶器的创始不晚于1万年前，在南方和北方都发现了年代很早的陶器，而且多是夹砂陶器。早期的夹砂陶器多为敞口圜底的样式，大都可以称为釜，这是为适应谷物烹饪而完成的重要发明。后来

7000年前陶甑（浙江杭州跨湖桥）

崧泽文化陶甗（上海青浦）

大汶口文化陶甗（安徽蒙城）

118

的釜不论质料和造型产生过多大的变化，它们煮食的原理并没有改变。随后出现的陶甑，是烹饪提升到一定水平后发明的一种蒸器。釜熟是直接利用火的热能，谓之煮；甑熟则是利用火烧水产生的蒸汽能，谓之蒸。有了甑熟作为烹饪技术手段，史前中国人便奠定了一种具有东方特色的饮食生活传统。

在中原地区，仰韶文化时期烹饪已经使用了陶甑，只是出土数量不是太多，可能使用不是很普遍。到了龙山文化时期，陶甑的使用已十分广泛，黄河中下游地区的几乎每个发掘调查过的遗址都能见到陶甑，而且出现一种甑鬲合体的陶甗，是新型蒸器。不过在淮河区域的裴李岗文化遗址中，陶甑就已经出现了，年代可早到7000多年前。

在长江流域，甑的出现较仰韶文化要早出很多。中游地区的大溪文化居民已开始用陶甑蒸食，至屈家岭文化时使用更加普遍。稍晚的石家河文化制作的陶甑不仅承袭了屈家岭文化的风格，晚期更多制成的是一种无底甑，配合甑箅使用。石家河文化出土

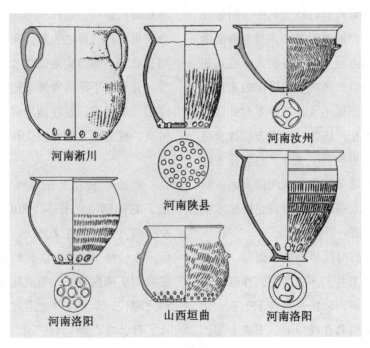

河南淅川　河南陕县　河南汝州

河南洛阳　山西垣曲　河南洛阳

中原龙山文化陶甑

有陶甑箅，当时可能更多使用的是竹木甑箅。

长江下游三角洲地区，马家浜文化和崧泽文化居民都用陶甑蒸食，河姆渡文化遗址发现了距今6000年上下的陶甑，而杭州附近的跨湖桥遗址发现的陶甑，年代可早到近8000年前。跨湖桥的陶甑与陶釜形制相同，只是在底部刺出了几个孔洞，这是早期陶甑的样式。

从迄今为止的考古发现看，新石器时代的陶甑出土地点多集中在黄河中下游和长江中下游地区，表明华中华东地区史前居民都有蒸法烹饪技术传统。值得注意的是，陶甑分布的这一广大地域的新石器文化中，恰好都发现了共存的水稻遗存，推测陶甑的普及使用可能与主食谷物大米密切相关。淮河以北区域史前居民的水稻种植规模可能远不及长江中下游地区，但也是水稻产区之一，南方的饮食传统一定也影响到了北方。蒸食技术应当是为着适应稻米的食用需要而发明的，它的发明地很可能就是种植水稻较早的江南一带。

新石器时代早期的陶甑与一般陶器在外形上并无多大区别，在器底刺上一些孔洞，以便蒸汽自下上达。使用时将甑底套在釜口上，下煮上蒸，常可收两用之功。崧泽文化居民所用

屈家岭文化陶甑（湖北京山）

陶甑略有不同，通常做成无底的筒形，然后用竹木制成箅子，嵌在甑底，蒸食时，将甑套入三足鼎口，而不是套入釜口。这样就形成了一种复合炊具，古代称之为甗。龙山文化时期，甗的下部由实足的鼎改为空足的鬲，并且上下两器常常连塑为一体，应用更加普遍。甗在商周时代又以铜铸成，成为重要的青铜炊具和礼器之一。

蒸法是东方烹饪术所特有的技法，它的创立已有不下8000年的历史。西方古时烹饪无蒸法，直到当今欧洲人也极少使用蒸法。西方人18世纪发明了蒸汽机，人类由此进入蒸汽动力时代，东方早在史前时代即已进入了自己的"蒸汽时代"。

当汉文字出现以后，蒸法也出现

在文学作品中,《诗经》里就有反复的吟诵。如《诗·鲁颂·泮水》说:"烝烝皇皇,不吴不扬。"又《诗·大雅·生民》说:"或舂或揄,或簸或蹂。释之叟叟,烝之浮浮。"汉许慎的《说文》也有对甗的解释,说甗就是甑。《方言》则说"甑,自关而东谓之甗,或谓之甗"。对于甗的制作,《周礼·考工记》说:"陶人为盆、甑。"清人段玉裁《说文解字注》说,"甑所以炊烝米为饭者,其底七穿,故必以算蔽甑底"。史前时期石家河文化的陶甑就已经是这样的形制了,制作非常规范。

蒸食技术在古代中国并没有局限于大米的食用,蒸菜或者菜饭合蒸也很自然地出现在烹饪中。更值得一提的是,蒸菜蒸饭传统进一步发展,又发明了蒸饼技术,即面食蒸制技术。当小麦进入到饮食生活中以后,曾经在很长时期借用了大米的粒食方法,只是用于煮粥蒸饭。后来面粉磨制技术成熟后,面粉也使用蒸法食用了。

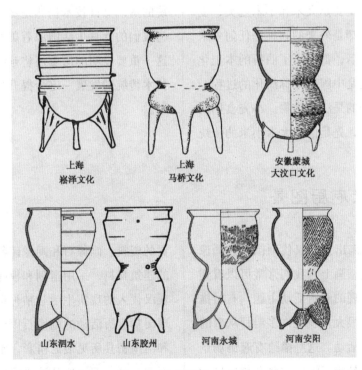

上海
崧泽文化

上海
马桥文化

安徽蒙城
大汶口文化

山东泗水

山东胶州

河南永城

河南安阳

南北陶甗

当蒸法借用到面食的烹饪中，一个区别于西方以烤食为传统的面食体系也就建立起来了。

东方的蒸饼，我们现在称作馒头的面食，这蒸成的美食是8000年蒸法在面食上的成功运用。我们用甑将麦面蒸成了馒头包子，而西人却把它放进炉子烤成了面包蛋糕，这就是中西饮食文化的一个重要区别。是不同的主流烹饪技术，决定了麦食传统发展的方向。馒头和面包代表了东西不同的饮食传统，全球受惠于这两个传统的人应当在20亿以上。

在中餐里出现的谷物，属于本土原产的，主要是大米和小米之类，麦子与玉米却是外来的物种。任何外来物种传入后，都经历了曲折的本土化过程，这是中国化或称汉化的过程，最终得到的是汉式食物。小麦食用的汉化过程，先是借用大米小米的传统烹食方法，以粒食和半粒食方式为主。发明粉饼食技术以后，虽然沿用的还是传统煮食蒸食方法，却是建立在粒食传统基础上的新面食传统，麦食最终成功汉化，馒头是小麦汉化食用一个成功的范例。

稻米与甑结合，带给了我们香喷喷的米饭。小麦面粉与甑结合，带给了我们软绵绵的馒头。肉菜与甑结合，带给了我们美滋滋的蒸菜。试想若是没有了蒸食技术的发明，我们今天又会在吃些什么呢？

当蒸汽机车奔跑了300年，在它已然进入博物馆的时候，已有8000岁传统的蒸汽烹饪技术仍然是蒸蒸日上，为我们的饮食生活增添着美妙滋味。这一重要发明的历史还将延续，蒸食技术传统的发展一定会提升到新的水平。

◎汉代庖厨图景

在历来出土的汉代画像石、画像砖及墓室壁画上，我们常常可以看到画面上表现的庖厨活动主题，有时描绘的场面很大，表现许多厨师从事的各种厨事活动。这些描绘有庖厨场景的汉画，是研究汉代饮食文化史最宝贵的资料。画像石和画像砖都是墓室的建筑材料，采用凿刻和模印手法表现汉代人的现实生活与精神世界。表现厨师庖厨活动的画像石以山东地区和河南密县所见最为精彩，常见大场面的刻画。四川地区的画像砖则擅长

汉画庖厨图（河南密县）

表现小范围的庖厨活动，厨事活动塑造细致入微。

由许多画像石和画像砖上的庖厨图看到，表现庖厨活动的场所主要是厨房。还有一些庖厨活动是在帐中、树下、露天进行的，另外也有一些画面并没有明确交代环境，或者表现的是庭院。例如四川彭县出土的一方庖厨图画像砖，构图简洁明快，画面上只表现有三位厨人，一位蹲在用三足架支起的大釜前生火，手里拿着扇子在煽风助燃；另外两位在一条长条形几案上切割，他们的身后竖立着一个简单的挂物架，架上挂着猪牛腿等牲

物。背景上还见到四层摆放起来的小食案，案上摆满了餐具。这方画像砖的画面上没有交代环境标志物，估计这个庖厨场所是设在室外。在四川彭县同一地点出土的另一方类似的画像砖上，也表现有三位厨人，不过画面明确交代了庖厨场所，这是一座厨房，厨房有瓦顶。厨房里有一座低台双孔灶，一位厨人正在摆弄蒸锅，另外两位也是在几案旁操作，他们的背后同样也竖立有挂物架，架上挂有牲物。在山东微山县两城出土的一方画像石，镌刻着一幅表现野炊的庖厨图，有四位厨人在一棵枝叶茂盛的大

树下忙碌着，一人汲水，一人庖宰，一人滤物，另一人在灶前拨火。离树根远一点的高台火灶上只见到一个灶孔，后面设有烟囱。这里不见专设的挂物架，牲物直接高挂在树枝上。

有些画像石在一个画面上同时表现了室内室外的庖厨活动，场面相当宏大。如山东临沂白庄出土的一方长条形画像石，不仅从正面和侧面刻绘了一座大厨房内的庖厨活动，而且对厨房外的厨事也进行了细致的刻画。厨房内有一位厨人在整理酒壶，两位厨人在灶前操作，火灶的烟囱通向厨房外面；房梁上悬挂着家畜、野禽和鱼等牲物，吊钩上还挂有盛食物的吊篮。在厨房外的庭院里，许多厨人都

在分别忙着各自的活计，有管酿造的，有管椎牛的，有管屠狗的，有汲水的，也有合抬食物和牲物的，繁忙的厨事井井有条。在山东沂南北寨出土的另一方很大的画像石上，则将庖厨活动置于庭院之中，画面上有井台、灶台和挂物架，俎上整齐地摆放着鱼和肉，案上有食具，地上放着酒壶、酒樽和大缸等。几个厨人有的趴在灶前吹火，有的在临时支起的帷帐中切割，有的在宰牛，有的在剐羊，有的在抬牲，有的在端运食物，有的赤膊在滤物，几种主要的庖厨作业都包括在其中了。这方画像石上还有一些其他方面的内容，而庖厨活动的内容约摸只占了一半的画面，仅这一半

汉画庖厨图（河南密县）

汉画酿造图（河南密县）

就已是非常壮观了。

河南密县打虎亭村发现两座东汉时代的画像石墓，其中的一号墓见到多幅庖厨图画像石，而且表现的场面也都比较大。画像石表现了蒸、煮、煎、炖、烤等各种烹饪活动，也有宰杀鸡鸭、酿酒、加工米面的刻绘。在一号墓东耳室北壁东端的石刻画像右下角，雕刻有宰杀鸡鸭的场面。在一个小口大腹的条编笼内装有许多活鸡和活鸭，笼旁放着五只已被宰杀的鸡鸭，其中有的鸡鸭好像在作挣扎状。在笼旁站立着一位正在宰杀鸡鸭的厨人，他的前面还放着一个盛接牲血的

大盆。附近另有一厨人跪坐在一个四足的热水槽旁，把杀死的鸡鸭放入热水中煺毛。他的前边有一厨人正操刀切割，俎下的盘上已盛满切好的食料。画面上还刻绘有一大型火灶，有四个火门，灶上的炊具正冒着热气。引人注意的是，炊具中有一台十层的蒸笼，这是最早的蒸笼图像。

在东耳室的东壁中部，雕刻着热气腾腾的炊煮场面。左上角是两个挂物架，架上挂满了牲物，连带着牛蹄与牛角，架下的地面上也堆放着牛蹄和牛腿。画面的中部有大鼎和大釜，鼎釜下点燃着木柴，鼎釜中已经沸

腾，呼呼地冒着热气。一位厨人双手握着长柄铁叉，翻动着鼎内的肉物。画面的右上角，有一个带烟囱的方形灶台，灶上置有大口甑。灶前放有许多柴草，一位厨人抱着木柴走过来，灶膛内的火焰喷出了灶口。灶台旁边，还放有圆形小炉灶和大竹筐等。画面的右下角，有一座高架井台，一厨人正在汲水，另一人在端水。画面的左下角刻绘了四位厨人，一人持勺在炭炉上的釜内搅拌，一人似在盆中淘洗着什么，另外两人双手端着放有食具的大盘。这是画像石中见到的表现烹饪活动最丰富的画幅，仅烹煮设备就刻绘了炉、灶、鼎、釜、甑共五样，实在是难得。

在东耳室的南壁东部，雕刻着另外一幅热闹的庖厨场面。画面上部是一根长横竿，均匀安有12个挂钩，分别钩挂着鸡、鸭、牛肉、牛心、牛肝和鱼等牲物。挂钩的下面是一条大菜案，四个厨人挽起袖子，并排坐在案前，紧张地切割着手里的肉物。菜案下面铺着一张长席，厨人们切好的肉物就堆在上面。下部是加工肉食的场面，八位男女厨人忙着在庖煮和烧烤熟食。画面上有两个圆形小火炉、两个长方形炭炉、一个大圆形炭炉，炉

汉画庖厨图（四川成都）

上架着大釜，放着小甑，炖着烧锅，吊着铫子，炉火熊熊。八位厨人有的在煮肉，有的在烤肉，有的在签肉，或相互配合，或独自操作。地面上摆满了小盆大缸，还有两个大平底筐，筐内放满了许多盘盘碗碗。值得注意的是，画面上有三盏高柄环形灯，显示出这是一个夜厨场景，这在其他画像石上还不多见。

一些非常壮观的汉画庖厨图，将许多庖厨活动刻绘在一个画面上，具有很强的写实风格。如山东诸城前凉台村就发现有这样一方画像石，画面高1.52米、宽0.76米，石工以阴线刻的手法，集酿造、庖宰、烹饪活动于一石，描绘了一个庞大而忙碌的庖厨场面。这是一幅精彩的汉代庖厨鸟瞰图，表现了43位厨人的劳作，包括汲水、蒸煮、过滤、酿造、杀牲、切肉、斫鱼、制脯、备宴等内容。我们可以按这样的顺序来欣赏这幅庖厨图：左边的井台上有一人正用吊罐汲水，旁边还刻有几只求饮的家禽。下面是灶台，一位女厨在烧火，另一位在烹调，长长的烟囱冒着烟。附近还有一位男子挥动斧子在劈柴，地上散落着一些劈好的柴。画面下方是过滤和酿酒活动，几个高大的酒瓮里似乎散发着酒香。画面的右边中部位置，刻绘的是庖宰活动，有一人在屠狗，

庖丁两两配合在宰猪、捶牛、杀羊，被宰杀的牲畜下面都放着大盆，看样子那是准备盛牲血的。在附近的一个圆垫子上，放着几只已经宰杀的家禽，一位厨人在盆中煺家禽羽毛。画面的上方，是切割、烤肉和备宴的场面。一条长长的肉案旁，跪立着三位持刀的庖丁，他们正在切肉。切好的肉放在案下的方盘内，有专人运送到烹调场所。在这肉案旁边，还摆着一个鱼案，一位厨人正在那里斫鱼，收拾好的鱼就放在一旁的圆盘中。他身后有一人用盘子端着两条鱼。画面中重点表现了厨人们的烤肉串作业，只见四位厨人都跪立在方形炭炉旁，一人串肉，一人烤肉，另两人等候着将烤好的肉串拿走。画面的顶端，刻画的是厨房的屋檐，檐下一排12个挂钩，从左到右钩挂着鳖、雀、大鱼、小串鱼、兔、牛百叶、猪头、猪腿、牛肩等，这其中有的可能是干肉制品，古代谓之脯胙。最后我们还看到了预备食案的画面，有两位男子站立在摆放着的七个方案前，准备摆放馔品，他们的身后还有一位厨人，正端着食物朝食案走来。这是一幅相当宏大的画面，它为我们生动地再现了汉代庖厨活动的真实情景。

由汉代画像石、画像砖、墓室壁画、陶俑等考古材料观察，可以将汉

代的庖厨活动归纳为以下若干类：

汲水 在山东和苏北地区发现的画像石庖厨图，一般都表现有汲水的场景。由于庖厨少不了水，要用水清洗，用水烹调，汲水就自然被当作庖厨活动一个不可缺少的程序，所以庖厨图上也就包纳了汲水的画面。汉代汲水通用两种方法，一是桔槔，一是辘轳。辘轳方法又分为两种，一是高架长绳拉拽，一是低架绞转，后一种方法显得比较进步。

庖宰 庖宰是庖厨图表现的最常见的一个主题，根据庖宰的对象不同，又可以细分为宰猪、椎牛、剐羊、屠狗、杀禽多种画面。从这些庖宰的对象看，汉代人的肉食主要是猪、牛、羊、狗，屠宰的方法并不一样。宰猪羊一般是用刀，杀牛则采用椎击方式，屠狗大约采用的是棒击方法。

备料 画像石表现的备料场景主要是分解肉物，厨人们在俎案上切割，有一人一小案的，也有三人四人一大案的。在不少庖厨图上，都见到厨人用力在盆中揉搓的画面，这可能表现的是和面的场景，厨人们是在为制作面食作准备。各地出土的一些汉代陶俑中，有不少庖厨俑，十分真切地刻画了厨人们在俎案上备料的情景，有的厨人的俎案上堆满了各种各

样的食料，有猪头、羊头、鱼鳖、竹笋等，甚至还有包好的花边饺子。

斫脍 生吃的鱼丝肉丝，古代谓之脍，"脍炙人口"中的"脍"即是指此。以鱼斫脍，滋味胜于肉脍，为古人所偏爱。不少庖厨图对斫脍的厨人也有细致的刻绘。山东前凉台的庖厨图见到斫脍画面，矮俎上摆着一条大鱼，厨人在挥刀切割。嘉祥宋山画像石上的斫脍场面稍有不同，两人相对面坐，一边斫脍，一边食用，以酒助兴。斫鱼脍需要高超的刀工，古人称怀有斫脍绝技的厨人为"脍匠"。

炊爨 炊爨是庖厨活动的中心内容，所以绝大多数庖厨图画像石上都刻绘有炊爨场面。庖厨图表现的炊爨方式多种多样，大体包括煎、煮、烹、蒸、炙烤等。一般的庖厨图都刻绘有一座高台火灶，灶台上有釜有甑，表明汉代采用的主要烹调方式是蒸和煮，适宜做主食，也能做副食。蒸法在画像石上表现最多，甑用敞口的，也用紧口的。画像石上偶尔能见到蒸笼的图像。烹是同煮类似的炊爨方式，主要用于做羹，这是汉代人普遍喜爱的馔品。煎炸的画面在画像石上不大容易看到，只见于河南密县打虎亭。

制作画像石的工匠们，非常有兴致地在庖厨图上表现炙烤场面，我们

在前述密县打虎亭和诸城前凉台发现的画像石上，已经看到了这种烤肉的画面。画面上表现的都是烤肉串的情景，类似的烤肉串图在其他地点也有发现，如山东长清的孝堂山石祠所见，画面上两人面对面地在一具方炉旁烤肉串，手里各持有两三支肉串。又如山东金乡出土的一方画像石所见，有一人左手执两支肉串，右手摇动扇子，在圆形火炉上炙烤。

制脯　脯胙的制作，在画像石上也有表现，我们从庖厨图描绘的厨房里，可以看到制脯的景象。一些厨房的房檐下悬挂着成排的肉物，多数也

许属于鲜货，这其中肯定也会有脯胙之类，如前凉台的那幅庖厨图，厨房的房檐下钩挂的猪头、兔子、串鱼，有的当是脯腊制品。

酿造　汉代人酿酒也酿醋，画像石上也见有酿酒主题。密县打虎亭一号墓和山东诸城前凉台发现的画像石上，都见到场面很大的酿酒活动图像。

送食　烹饪之先要外出采买，烹调完毕要和盘托出，生料与熟食的运送，汉代的陶俑和画像石也有表现。密县打虎亭一号墓东耳室甬道的画像石中有一幅送食图，画面上有托盘送

汉画庖厨图（山东嘉祥）

汉代画庖厨图（山东诸城）

食者，有搬运酒樽者，还有抬运食物者，浩浩荡荡地向主宾们的筵宴场所走去。

备宴　筵宴有一些传统礼仪，其中备宴就有许多讲究，画像石对备宴的过程也多有描述。河南密县打虎亭一号墓东耳室北壁和西壁的画像石中都见有备宴图，北壁的一幅场面很大，画面上方是一大型长案，案上摆满了杯盘碗盏，四位厨娘在案旁劳作，分别用筷子和勺子往杯盘里分装馔品。地上有放满餐具的大盆，还有八个叠放在一起的三足食案。画面下方是一铺地长席，席上也摆满了成排的杯盘碗盏，也有几位厨人在一旁整理肴馔。西壁的一幅场面较小，画面上有案有席，案上席上和地上放满了各种餐具和酒具，有一人在那里指手画脚，他像是一个安排筵宴的总管。指挥备宴铺设的人在汉代称为"尚席"，后来宫廷中的"掌食"官和"掌筵"官，即是属于这一类。

古时流行"君子远庖厨"之说，古今都有人误解了这话的意思，把它作为看不起厨事活动的一个经典依据，以为是君子就不要进厨房，好像生火做饭的就一定是小人似的。"君子远庖厨"这话亚圣孟子说过，见于《孟子·梁惠王上》，原文为"君子之于禽兽也，见其生，不忍见其死；

闻其声，不忍食其肉。是以君子远庖厨也"。这是孟子与齐宣王的谈话，是说君子要有仁慈之心，他们见到活蹦乱跳的飞禽走兽，不忍心看到它们死去时的模样；听到禽兽临死时的悲鸣，就不忍心再去吃它们的肉。所以君子总是将厨房盖在较远的地方，看不到血腥的庖宰场面，也不去听那禽兽的惨叫声，这显然是为了吃肉时觉着更加香甜。这应当是"君子远庖厨"的引申的意义，这话里其实还包含着另外的意思，这在《礼记·玉藻》中交代得相当明白。《礼记》说："君无故不杀牛，大夫无故不杀羊，士无故不杀犬豕。君子远庖厨，凡有血气之类，弗身践也。"历来注家都认为，这里所说的"故"，指的是祭祀仪式。《礼记》是说在祭祀杀牲时，君子千万注意不要让身体染上牲血，不要亲自去操刀。这里的"君子远庖厨"是一种劝诫，大概是为了保证祭仪的纯洁性。不论怎么说，《礼记》和《孟子》中的"君子远庖厨"，都没有轻视厨师这个行当的意思，一丝一毫也没有。

事实上，可能除了祭仪以外，古人从来就不曾真正"远"过庖厨。那些"君子"们在活着的时候，大都要尽情享用美味佳肴。他们在死去的时候，不仅要随葬大量食物，而且还要在墓室中建造象征性的厨房；或者在墓壁上描绘庖厨场景，表现许多厨师为自己继续烹调佳肴；或者在墓室里摆上陶土烧造的厨人，象征为自己殉葬的厨师；或者随葬各式各样的包括陶灶模型在内的炊具和食具，预备在冥间继续使用。这不仅没有一点儿"远庖厨"的意思，而是确确实实的"近庖厨"了。

古代有许多君子们，不仅没有远庖厨，他们还躬亲庖厨，钻研烹调学问，创制了不少名肴名馔，写成了许多食谱食经。古代也有许多的君子们，他们十分关注厨师们的创造，甚至为厨师树碑立传。没有这些君子们的努力，中国的饮食文化也许就形成不了传承到今天的完整体系。同样，没有历代厨师们的创造，中国的饮食文化也许不会有如此的璀璨光彩。

◎彩绘砖画：魏晋时代饮食烹饪风俗图卷

甘肃河西走廊中部的嘉峪关，是古老万里长城的终点。在它附近的戈壁滩上，分布着许多大大小小的古代墓葬。这些镶嵌在丝绸之路咽喉要道上的一颗颗明珠，闪耀着古老汉文明的璀璨光芒。甘肃省文物考古工作者1972年在这一带发掘出六座魏晋时代的壁画墓，获得彩绘砖画6百余幅。这些画面一般都绘制在单块墓砖上，按一定规律嵌砌在墓壁上。

这批砖画的内容比较丰富，题材广泛。主要描绘的是古代劳动人民农桑、狩猎等生产活动，还有兵屯、出行等统治阶级的活动场面，此外就是大量的有关烹饪、宴饮风俗的生动画面。这六座墓所见的砖画，与饮食烹饪有关的多达162幅，占全部砖画的三分之一，这在其他时代的墓室壁画中是绝无仅有的。砖画在这方面描绘的有酿造、宰牲、烹饪、献食、宴饮等内容，每个有壁画的墓基本都包纳有这些内容。壁画作者以熟练的技巧，简洁生动地描绘了一幕幕真实的场景，使我们获得了从古代文献中不可能得到的公元3~4世纪社会生活的形象资料。

酿造图 在一条长案上摆着两三个大陶罐，罐底凿有小孔，从孔里流出一股液体，注入长案下面的陶盆里。这就是酿造图，一共见到6幅，其中有一座墓绘有3幅。很显然，这是酿造过程中过滤工艺的写实。

炊烟袅袅

酿造物是什么呢？发掘者在报告中称之为"醋"，认定这是《滤醋图》，并援引过去河西走廊地区制醋工艺为证，认为二者的操作过程完全相同。这种看法很有道理，北魏贾思勰所撰《齐民要求》所记的"酒糟酿醋法"，最后出醋时便是用这种底部有孔的滤罐过滤。当然，也不能一概言之，因为在其他酿造过程中有时也有过滤这一工序，所以不可断言这一定就是滤醋的图像，也可能描绘的是酿酒等等。

杀牲图　砖画中表现有很多杀牲的场面，各墓中几乎都见到宰杀牛、羊、猪的画幅，此外还见到宰鸡图像。

从砖画上看，杀牲的方式很有特色。杀牛时多用椎击法，只见屠夫一手牵着牛鼻子，一手高举铁锤正向牛头砸去。这在古代谓之椎牛、椎剽，是一种起源很早的宰牛方法。宰羊则不与牛同，要先把羊的一只前腿和一只后腿分别用绳拴在木桩上，将羊反吊起来，然后再下刀放血。杀猪则是将猪捆绑在大条案上，屠夫握铁刀由猪的后窍宰杀，似乎是为了"出其不意"。难怪从画面上看，猪并不像牛羊在临死前那样的拼命挣扎，只是张开嘴嚎嚎而已。据说与嘉峪关相距不远的酒泉，现在还流传着"宰猪捅屁股，各有各的杀法"这么一句俗语，从砖画上足以窥见其渊源是多么久远了。牛、羊、猪的宰杀都是由男

魏晋砖画汲水图（甘肃嘉峪关）

魏晋砖画宰牲图（甘肃嘉峪关）

魏晋砖画宰禽图（甘肃嘉峪关）

魏晋砖画庖厨图（甘肃嘉峪关）

魏晋砖画送食图（甘肃嘉峪关）

魏晋砖画送食图（甘肃嘉峪关）

魏晋砖画宴饮图（甘肃嘉峪关）

子承当的，而杀鸡则是女子所为，在一块砖画上画着两个女婢高挽衣袖，正跪立在大汤盆前煺鸡毛。这种具有浓郁生活气息的作品，除了汉代画像石以外，就再不易见到了。

烹饪图 烹饪活动是砖画刻意表现的重要内容之一。砖画中见到不少切肉、揉面、烹煮及表现厨房设备的图像。切肉有时为男子担任，而烹食则基本由女仆掌管。另外有画面绘两个男子各跪在一个小案前，左手握刀，正在切肉，切好的肉放在案下的容器中。还有画面描绘着一个在盆中揉面的女子，她身后的墙上还悬挂着铛、箕、炙叉等厨具。在另外的一幅砖画中，可以看到摆满馒头的食案。这馒头魏晋时称为"蒸饼"，有的还加有馅料，其实就是现在说的包子。属于烹饪前的准备工作还有汲水、整理厨具等，这些在嘉峪关砖画中都有表现。

烹饪方式在砖画中可以看到三种，一为蒸，一为煮，一为炙。有一图绘有一个灶台，灶后有竖起的烟囱，灶上的容器是甑，甑下是釜。这种陶甑在这批墓葬中有实物出土，甑底钻有气孔作成箅。在灶前跪着一个使女，正往灶内添柴火。画面表现的是"蒸"，或是蒸饭，或是蒸饼。另一图表现的则是"煮"，一个大铁釜放在铁三脚架上，下面架着柴草，一女仆在一旁拨火。这里面所煮的大概就是肉羹之类。还有一幅砖画绘一女仆正拿着肉串在火上炙烤，这烤肉串

在当时当地官僚富贵之家大概是一种经常享用的美味。

献食图 主人宴饮就要开始了，侍女们忙得不亦乐乎，备食献食，在彩绘砖画上也有极充分的表现。首先是备酒，侍女先用镟子盛上热水，把酒斜放在上面温热，开宴时用勺将酒舀到酒杯中，再送到主人面前。备食的侍女有的捧着羹盆，有的托着放有馔品和筷子的食盘，还有的举着装有蒸饼的盘子，提着食椑，列队徐步前往宴席献食。从另外的一些画面看，有时主人的馔品要放在食案上，由侍女将这食案一起搬到主人坐席前。《后汉书·梁鸿列传》所记梁鸿和孟光相敬如宾的故事，其中所说的"举案齐眉"，正是献食时连案举食，以表景仰之情，与砖画意境正合。

饮馔图 魏晋时代同汉代一样，饮馔时一般都是席地而坐，有时坐在矮榻上，食具往往就放在铺地席上，食盘和酒具就摆在面前。看来两人同食一盘馔品的现象比较常见，有一图所绘正是两人相对而坐，在同一个食盘中摆着两双筷子。前述侍女献食所持的食盘内，也是放有一两双筷子。

还有的画面表现两人对饮唱和，面前只摆一套酒具。所食馔品中比较特别的是铁叉穿烤和烤肉串，而且很可能是烤羊肉串。这烤肉串并不是像一些文章所说的那样，是起源于河西走廊地区，因为在更早的山东诸城凉台汉墓中就见到有烤肉串的画像石。从砖画上可以看出，主人进食时，不仅有仆从献食，还有侍女打扇，更有乐队在一旁奏乐"侑食"，养尊处优之态跃然眼前。

魏晋时代由于战乱和天灾，广大民众往往要"并日而食"，"糟糠不厌"。而上层统治者及地方世族豪强，"食必尽四方珍异"，恨不"举泰山以为肉，竭东海以为酒"（曹丕语），生活奢侈到无以复加的地步。西晋初位至三公的胡曾便是日食万钱，史籍记载他好食蒸饼，而且非是蒸裂有十字纹的饼不食。

嘉峪关古墓彩绘砖画不仅形象地告诉了我们流行于魏晋时代的部分食物、食器、食风，还将当时烹饪操作的一些细节展现在我们面前。这一批彩绘砖画是我们研究这个时期饮食烹饪文化的重要资料。

◎古代冰井与冰厨

水井的发明，是饮食生活上的一个进步。冰井的运用，是水井作用的延伸，是烹饪技法的新的扩展。冰厨技术与冰井又有不可分割的联系。

水井 "愈汲愈生，给养于人，无有穷已"，这是唐代经学家孔颖达注《易》"井"所发出的对井的赞叹。井水给人类的德惠，在许多地区不在食粮之下，在某些非常时期更是如此。

常言道：吃水不忘掘井人。早在东周时代，知识阶层就在探讨谁是掘井第一人的问题了，有人说"黄帝作井"，也有人说"伯益作井"，发明权一直没能作出最后裁决。考古学的发现证实，我们的先民确曾在史前时代就开始饮用洁净甘甜的井水了。

江南地区新石器时代的河姆渡文化遗址和良渚文化遗址，都发现了先民们使用过的水井。中原地区的龙山文化遗址，也发现过一些水井遗迹，其中河南汤阴白营见到的一眼井较深，约有12米。这些井既有土井，也有木构井，年代在距今4000～5000年左右，以江南的发现为早。

这些年代较早的水井，显然主要是为了满足生活用水而挖掘的。考古工作者还发掘到不少历史时期的水井遗迹，有商代的，也有东周两汉时代的。水井大都在当时人的居住区内，也属于生活用井一类。在汉代画像石上，可以看到不少庖厨活动的画面，这类画面通常都有井台汲水的刻画，表明水井在汉代已成了人们饮食生活中不可缺少的设施。汉墓中不少生前稍有势力的墓主人，都少不了随葬一件陶土烧制的水井模型，水井在人们生活中的重要性，由此表现得十分充分。

对烹饪来说，水井的发明与使用，不仅仅是提供了洁净的水源，而且还为烹调冷食提供了一个难得的途径。水井的使用，也是冰井出现的重要前提。

冰井 "井非冰而不能全其净，冰非井而不能应其时"，这是唐代史宏《冰井赋》中的话。为了在夏季能用冰去暑和制备冷饮凉食，我国在很早的时代就已发明了藏冰的方法。藏冰之所，称为凌阴、凌室、冰井、冰窖等。历代王室必设藏冰机构，有专人处理有关事务。有时地方政府以至民间有财力者，也建有藏冰设施，以备夏季使用或售冰牟利。

《诗经·豳风·七月》中“二之日凿冰冲冲，三之日纳于凌阴”的句子，是周代藏冰的确证。《礼记·月令》也有冬季取冰的记述。《周礼·天官》还记有周王室专司冰事的职官，有凌人近100人，掌斩冰、藏冰、颁冰诸事，所藏冰主要用于王室成员的饮食。

南方春秋时的吴国，也建有冰室。《越绝书》说：“吴间阖门外有郭中冢者，闾阖冰室也。”吴王尚有冰厨，大约离冰室不甚远。同处南方的楚国，也建有相当规模的冰室，据《左传·襄公二十一年》记载，楚臣申叔豫在夏日曾以冰为床，穿着皮衣躺在上面。又据《河南通志》说，延津县（今郑州东北）西南20里有冰井，传说为战国韩襄王仓的藏冰之所。不仅周王室有凌阴，列国诸侯也争相仿效，以藏冰为一要事。

汉代长安的未央宫和专供御膳的太官，都设有凌室。《汉书·惠帝纪》有“四年，秋七月乙亥，未央宫凌室灾”，《汉书·成帝纪》有“永始元年春正月癸丑，太官凌室火”的记载。冰室失火，很难说与烹饪用火没有关系。太官的凌室，就是一座地道的食品冷藏库。

魏晋南北朝时代，凌室与冰井无论在南方还是北方，都是上层统治者们刻意营建的重要建筑之一。晋庾修有《冰裁赋》，梁沈约有《谢赐冰启》，都是那战乱时代藏冰的确证。宋代张敦颐所著《六朝事迹》说，南京“覆舟山上有凌室，乃六朝每朝藏冰于此也”，南方得坚冰不易，藏冰入夏更不易，需要长期的经验积累。北方的邺城曾是曹魏都城，左思《蜀都赋》中“上累栋而重留，下冰室而沍冥”的句子，描述了建在邺城的冰井台。《水经注》也几次提到那里的冰井台：

邺城西北有三台，皆因城为基，巍然崇岸，其高若山。建安十五年魏武所起，其中曰铜雀台，南则金虎台，北曰冰井台。

朝廷又置冰室于斯阜，室内有冰井。

冰井台亦高八丈，有屋一百四十五间。上有冰室，室内数井，深十五丈，藏冰及石墨焉。

魏武帝曹操所建冰井台，至北齐时有增修。据《北史·齐文宣帝纪》所载，北齐“发丁匠三十余万人，营三台于邺下，因其旧基而高博之，大起宫室及游豫园，至是三台成，改铜爵曰金凤，金兽曰圣应，冰井曰崇光。崇光之名更雅，冰井之实犹在。冰室不仅只在都城营建，一些州府也不例外，如《非齐书·赵郡王琛传》即载定州建有冰室，长史宋钦道曾在炎夏遣舆送冰给监筑长城的领军食用。

隋唐之际，对冰的需求已不止限于王公贵族，富有的市民也有了这种追求，夏天的冰就成了一种时髦的商品。唐人《炀帝迷楼记》中有这样一个故事，说隋炀帝杨广有一次因吃了方士进上的大丹，胸中烦躁难耐，一天饮下几百杯凉水，依然口渴不止。御医莫君锡怕皇上喝水太多又生大病，赶紧开了个药方调治，同时还在寝宫放上两个大冰盘，让杨广早晚看着它，据说这是治烦躁的一个法宝。不料想，后宫的妃子们为了引诱皇上，以望行幸，都争相买冰为盘，结果"京师冰为之踊贵，藏冰之家皆获千金"。夏冰价值之高，在那时是完全可以想象得到的。《云仙杂记》说唐代"长安冰雪，夏至月则价等金璧"。曾身为太子少傅的诗人白居易，因为诗写得好，名动京师，他"每需冰雪，论筐取之，不复偿价，日日如是"。白居易还曾接受过皇帝的赐冰，他为此写过《谢赐冰状》，云"饮之栗栗"，"捧之兢兢"，诚

惶诚恐，若无所措。

宋元以后，从皇上到攒动市井的百姓，都以夏日食冰为一美味，藏冰量之大，可想而知。《明会典》载有明初的"藏冰之法"，每岁结冰时，礼部、膳部、内宫监、工部、锦衣卫为藏冰之事忙碌起来，凿冰入窖后，大锁封门，祠部要祭祀，还要派军队看守，一直挨到暑天。

人造的冰井，藏冰再多，总会有空竭之时。据说人们还发现过天然冰井，夏日可直接取冰。据《陕西通志》记载，蓝田终南玉案山就有一眼这样的冰井，"井深数丈，水落井中辄作冰，经夏不消。长安不藏冰，但于此井取之"。未知确切与否。

藏冰遗迹 古代文献中有关藏冰的记载，并非是虚妄之言。从考古学提供的证据看，凌阴和冰井，都是历史上存在过的事实，考古已经发掘到一些重要的藏冰遗迹。

1976～1977年，在陕西凤翔县南的春秋秦国雍都城址内，发掘到一座特殊的建筑遗址。基址系夯筑而成，平面略呈方形，四边筑有土墙一周，东西长16.5米，南北宽17.1米。基础中部有一坑穴，穴口长1.4米，宽6.4米，穴底长7.35米，宽6.4米。穴底铺有数十厘米厚的砂质片岩。西部有外通的水道，设置有5道槽门。发掘者初步研

究后认为，这不是普通居住性建筑，而是一座用于藏冰的凌阴遗址，藏冰量大约为190立方米。这一凌阴就在大型宫殿遗址附近，表明它是宫殿区的附属建筑，是同类建筑中年代最早的一座。

1965年夏，在河南新郑县西北战国时韩国的都城遗址内，在西宫殿区所在地的北部，发掘出一座地下建筑遗址，被称为"地下室"。建筑为长方形竖井形，四壁经过夯筑，口径为8.8米×2.9米，底部为8.7米×2.5米，保存深度为3.4米。室内东南角，筑有共13级的台阶式通道，室内散落着不少砖瓦残片。底部偏东一侧，顺序掘有五眼圆井，套有陶井圈，直径0.76～0.98米，深1.76～2.46米。井内出有不少豆、盆、钵、罐、釜、甑等陶质炊器食器，还有大量猪、牛、羊和鸡的骨骼。陶器上刻有一些陶文，释为"宫厨"、"左厨"、"右厨"等。根据研究，有人认为地下建筑为一处凌阴遗址，作藏冰之用；也有人认为建筑的主体是五眼井，是宫廷内的冷藏井。这里当是一处地道的冰井遗迹，而且是宫厨专用的冰井，与一般的凌阴有明显不同。

新郑冰井发现的同年，中国科学院考古研究所在河南洛阳魏故城内，发掘到一座圆形建筑遗址，由于资料在25年之后才刚刚公布，还没引起足够的注意。建筑位于宫城西北部的一座夯土台上，直径为4.9米，为小砖叠砌的圆桶形，墙壁残高3.6米。底部铺有地砖，中心有一直径0.7米、深0.25米的圆池。底部可见柱位40个，高不足40厘米，柱上承梁，梁上铺板。这显然不是居住址，研究者认为是冰室，藏冰就堆放在木板上，冰水化入底池中。但到底是藏冰用的专门设施，还是殿堂内的降温设施，现在还不好论定。

洛阳发现的圆形冰室，令人很自然地想起曹操在邺城营建的冰井台。中国社会科学院考古研究所有一支考古队近年专门在做邺城的勘探发掘工作，如果冰井台尚存的话，冰井的发掘是迟早的事，我们也希望曹魏和高齐宫廷的冰井有重见天日的那一天。

根据出土文献研究，唐代不仅都市建有冰井，连一些偏远地区也不例外。新疆吐鲁番阿斯塔那78号唐墓出土文书中，第25种文书即提到冰井，为《令狐婆元等十一家买柴供冰井抄》，文书列举了十一家户主姓名，要求以青稞代钱，买柴一车供冰井使用。吐鲁番在唐代肯定建有冰井，也许会有被发现的那一天。

古人藏冰，为的是去暑。以冰驱暑，一是降低环境温度，冰殿、冰床即是；二是取冰直接食用，是为食冰；三是制作冷饮冷食，可称为冰食。制作冷餐饮食，自然该称作冰厨了。

食冰　"冬冰冽冽虽可畏，夏冰皎皎人共喜。休论中使押金盘，荷叶裹来深宫里。……人言霜雪比小人，我谓坚冰似君子。"这是宋人孔武仲《食冰诗》中的句子，食冰在古代上层社会，是炎夏消闲的一种重要时尚。

夏日食冰，在古代一般是直接取食冰块，或饮用稍作调味的冰水。上文引《北齐书·赵郡王琛传》云，领兵筑长城的高睿盛夏六月得到长史送来的冰块后，深有感触地说："三军之人皆饮温水，吾以何义独进寒冷？非追名古将，实情所不忍。"结果直至冰块消融，他也不曾尝上一口，使兵士们深受感动。还有《迷楼记》所说美妃争相买冰为盘的故事，都是古代食冰的重要例证。

唐代长安除在当地藏冰外，还接受外国使者千里迢迢送来的贡冰。《杜阳杂编》说，拘弭国进献过一种"常坚冰"，长途搬运送到京师，仍然"洁冷如故，虽盛暑赫日终不消，嚼之即与中国者无异"。宋代不止一个皇帝因食冰过多而致病，据《宋史·施师点传》说，孝宗皇帝有一次曾亲口对官至参知政事的施师点说："朕前饮冰水过多，忽暴下，幸即平复。"这冰水大概是加味处理过，味道太美，使皇上饮到直拉了肚子才住口。《本草纲目》还提及徽宗赵佶食冰太多而致脾脏生病的事，杨介以冰块煎药治好了这许多太医都治不好的病。古人以冰煎药，也有以冰煮茶的，能起到独特的治疗作用。

金代著名诗人元好问的《续夷坚志》，记载了另一件有关食冰的趣事。他说在甘肃临洮城外，洮水冬季结冰"小如芡实，圆洁如球"，有钱人家设法收藏起一些冰球，盛夏以蜜水调和食之。元好问还说，洮河这一带上下三百里，在冬季都能见到凝白无际的冰球层，但冰球互不融结，并不构成冰层。

在有的时候，古人还将冰块雕琢成艺术品，食用之前还可玩赏一番。据《开元天宝遗事》所记："杨国忠子弟以奸媚结识朝士，每至伏日，取坚冰令工人镂为凤兽之形，或饰以金环彩带，置之雕盘中，送与王公大臣，唯张九龄不受此惠。"杨氏子弟在用冰上的奢侈还不止于此，在夏日还令匠人琢大冰为山石，放在宴席的周围，"座客虽酒酣而各有寒色"，体弱者冷得受不了，还要披起棉被御寒气。汉代《盐铁论》和《新论》等书，虽都提及"镂冰"，然而夏季冰雕的发明权当归于唐代杨国忠子弟。在宴席上制造冰围气氛的发明者，恐怕也是非杨氏子弟莫属。

随着都市饮食业的发展，唐宋以后，冰雪及冰雪制品很有市场，丰富了当时的饮食生活。《东京梦华录》等书就提到，炎夏的汴京有冰雪、凉水荔枝膏上市，有的商店专营冰雪饮料，而且都用银器。汴京还有所谓"雪槛冰盘"的营生，杨氏子弟的发明在数百年之后，在宋京得到了继承与发展。

清人顾禄所撰的《清嘉录》，记述了清代苏州有三伏天食冰的习俗，云"土人置窨冰，街坊担卖，谓之凉冰。或杂以杨梅、桃子、花红之属，俗呼冰杨梅、冰桃子"。王鏊的《姑苏志》也说："三伏市上卖凉冰。"苏州的冰窨，据《吴县志》说，是建在葑门外，有二十四座之多，以比附二十四节气，"每遇严寒，戽水蓄于荡田，冰既坚，贮之于窨。盛夏需以护鱼鲜，并以涤暑"。尤倬有《冰窨歌》记其事，有"街头六月凉冰多"之句。又蔡云《吴歈百绝》亦有歌谣咏其事，歌曰："初庚梅断忍三庚，九九难消暑气蒸；何事伏天钱好赚？担夫挥汗卖凉冰。"凉冰的买卖，是隋唐时代开始形成的传统，它丰富了城市中上阶层的饮食生活。

冰食　冰食不同于食冰。本文所言冰食，包括以冰块和深井作为冷却手段的清凉饮食，与直接食冰有别。见诸文献记载的例证并不太多，有些例证要放到下一节述及，这里只准备

战国铜冰鉴（湖北随州）

清宫使用的冰箱

谈谈东周冰鉴的使用。

考古发现的冰鉴，以吴王夫差鉴和曾侯乙鉴最为著名。曾侯乙青铜冰鉴是1978年发掘出土的，共两件。为方形，器内置一大铜壶。壶与鉴之间放置冰块，使壶内饮料冷却。冰鉴上还放着一件长柄铜勺，是专用于舀冷饮用的。全器形体高大，方76厘米、高61.5厘米。

看到这类冰鉴，不禁使人想起屈原《招魂》中"挫糟冻饮，酌清凉兮"的句子，所说的清凉冻饮，应当即是通过冰鉴制作出来的。有人将这冰鉴比作冰箱，从冷冻的作用上讲，可说是名副其实。

饮酒一般以温为宜，也有人为降温而饮加冰块的酒，唐代的学士们就有这样的嗜好。学士在夏日得到皇帝

赐冰和烧香酒后，以酒合冰而饮。据说，皇宫内还专设制作这种冰酒的作坊，见于明人陈继儒《销夏部》一书。

除了制作清凉饮料，有些时候冰块也用于冷食馔品的制作，下面要说的冰厨，就包纳了这方面的内容。冰鉴本身不限于制作清凉饮料，也用于冰镇食物。《周礼·天官·凌人》提到凌人管理治鉴事务，膳羞酒浆均可鉴之。郑玄注云，鉴大口以盛冰，置食物于中，以御温气。贾公颜也说：冰若有鉴，则冰不消释，食得停久。作为冰箱的冰鉴，其作用在收藏食物上讲，也是不容忽略的。

冰厨 吴王的冰厨，当然是用于制作夏令冷馔的，具体情形不得而知。冷馔的制作实例，可举汉代黄宪

《天禄阁外史》的一则记载为证："韩王暑而求冻馔，世子以私财作冰室，取美馔而藏之。既冻，乃进于王。韩王悦，为之赋《怀冰》，美世子也。"

由冰室冰井制作的冻馔，是地道的冰厨。由深井降温而得的冷馔，也可称为冰厨或井厨。有关这方面的记载，见于不少食谱类书籍。

贾思勰《齐民要术》所记"苞肉法"，言将肉煮、切、蒸、苞后，即悬井中，一日乃成。这是井厨法的一个较早的记载。

宋人陶谷《清异录》所记的"清风饭"烹法，也可算是古代冰厨的典型例子之一。他说唐敬宗李湛时，宫厨发明了一种清风饭的做法，原料有水晶饭、龙睛粉、龙脑末、牛酪浆，调制均匀后放入金提缸，然后垂下冰池。等到冷透后，就拿去给皇上享用。这清风饭只在天气特别炎热时才制作，大概是因为非其时而不能食吧。

《饮馔服食笺》、《养小录》和《易牙遗意》所记载的一味"姜醋冻鱼"，也是通过井冻方法完成的。做法是：鲜鲤切小块，盐腌酱煮过；鱼鳞同荆芥煎汁，滤渣后再煎稠，入鱼调味，放入锡器密封，悬井中冻成，食时以浓姜醋盖浇。《养小录》和《调鼎集》所说的"夏日冻蹄膏"，亦有井冻这一操作过程。做法是：猪蹄煮熟，去骨细切，加石花香料，再煮极烂；入小口瓶内，油纸包扎，挂井水中，隔宿破瓶食用。

以水井的冷冻作用进行冷馔的烹调，在考古资料中还能找到实证。考古发掘出许多不同时代的水井，井底有的出有一些盛有动物骨骼的陶容器，这恐怕就是冰厨的重要遗迹。在秦都咸阳宫殿的附属建筑内，发现过带辘轳的井穴，井内出有鸡骨等，研究者推测这是一座食物冷藏窖，或者也用于冷馔烹调。在湖北江陵的楚纪南城和河北易县燕下都，都发现过类似水井。最有代表性的还是我们已提到过的河南新郑郑韩故城的地下井，不仅出有不少动物骨骼，还有标明宫厨字样的陶器，那是一处冰厨的所在，当是无可怀疑的了。它的作用不单单只是储藏食品而已，用于烹饪的目的显而易见。

◎ 古代厨师的地位

在现代人眼中，有人看不起厨师，也
有人觉得自己做厨师要低人一等。在古代
也会有这样的事，不过厨师的地位却不能
一概而论，也有获得崇高地位的时候，甚
至还会是在"一人之下，万人之上"。
商代汤王在伊尹辅佐下，推翻了夏桀的统
治，奠定了商王朝的根基。商汤之有天
下，全赖有了伊尹，伊尹就是一个厨师出
身的政治家。伊尹当初以烹饪原理阐述安
邦立国的大道，他是古代中国的一个最伟
大的厨师。

汉庖厨俑

以庖厨活动喻说安邦治国，在先秦时
代较为常见，老子的名言"治大国若烹小
鲜"《老子·六十章》便是最好的例子。
还有刘向《新序·杂事》也有妙说，他说
一个国君好比一个美食家，他的大臣们
就是厨师。这些厨艺高超的大臣有的善屠
宰，有的善火候，有的善调味，看馔不会
不美，即是说国家不愁治理不好。以烹饪
比喻君臣关系，由平常的烹饪原理演绎出
令人信服的哲理，这都是受伊尹影响的结
果。

汉彩绘陶厨俑

后世也有人因厨艺高超而得高官厚禄
的，尤其在那些喜好滋味享受的帝王在位
时，这种事情必然会有发生。《宋书·毛

晋庖厨俑

脩之传》说，毛脩之被北魏擒获，他曾做美味羊羹进献尚书令，尚书"以为绝味，献之武帝"。武帝拓跋焘也觉得美不胜言，十分高兴，于是提升毛脩之为太官令。后来毛氏又以功擢为尚书、封南郡公，但太官令一职仍然兼领。又据《梁书·循吏传》所记，孙谦精于厨艺，常常给朝中显要官员烹制美味，以此密切感情。在谋得供职太官的机会后，皇上的膳食都由他亲自烹调，不怕劳累，深得赏识，"遂得为列卿、御史中丞、两郡太守"。还有北魏洛阳人侯刚，也是由厨师进入仕途的。《北史·恩倖传》说，侯刚出身贫寒，年轻时"以善于鼎俎，得进膳出入，积官至尝食典御"，后封武阳县侯，晋爵为公。

厨师进入仕途的现象，在汉代就曾一度成为普遍的事实。据《后汉书·刘圣公传》说，更始帝刘玄时所授功臣官爵者，不少是商贾乃至仆竖，也有一些是膳夫庖人出身。由于这做法不合常理，引起社会舆论的关注，所以当时长安传出讥讽歌谣，所谓"灶下养，中郎将；烂羊胃，骑都尉；烂羊头，关内侯"。当时的厨师大约以战功获官的多，这就另当别论了。

历代厨师更多的是服务于达官贵人，能有做官机会的不会太多，而做

大官的机会就更少了。庖人立身处世，靠的还是自己的技艺，身怀绝技，社会上还是比较尊重的。庄子津津乐道的解牛庖丁，是以纯熟刀法见长。厨师的受尊重，也表现在战乱时期。《新五代史·吴越世家》说，身为越州观察使的刘汉宏，被追杀时换了一身衣服还手拿一把菜刀，且口中高喊他是个厨师，一面喊一面拿着菜刀给追兵看，他因此蒙混过关，免于一死。又据《三水小牍》所记，王仙芝起义军逮住郏城县令陆存，陆诈言自己是做饭的人，起义军不信，让他煎油饼试试真假，陆存硬着头皮献丑，他也因此捡回一条性命。这两个事例都说明，厨师在战乱时属于重点保护的对象，否则，这两个官员都不会装扮成厨师逃命了。

厨师能否比较广泛地受到尊重，名人的作用也是很重要的。据焦竑《玉堂丛语》卷八说，明代宰相张居正父丧归葬，所经之处，地方官都拿出水陆珍馔招待他，可他还是说没地方下筷子，他看不上那些食物。可巧有一个叫钱普的无锡人，他虽身为太守，却做得一手好菜，而且是地道的苏州菜。张居正吃了，觉得特别香美，于是大加赞赏地说："我到了这个地方，才算真正吃饱了肚子。"此语一出，苏州菜身份倍涨，有钱人家

都以有一苏州厨师做饭为荣。这样赶时髦的结果，使"吴中之善为庖者，召募殆尽，皆得善价以归"。苏州厨师的地位因此提得很高，苏州菜也因此传播得很广。

◎ 宋代厨娘好风光

历史上以烹饪为职业者，大体以男性为主。《周礼》所述周王室配备的庖厨人员近2000人，直接从事烹调的女性一个也没有。以男子为主从业厨事，不仅中国古今如此，而且也是世界性通例。不过在唐宋时代，曾出现过较多的女厨，不论在酒肆茶楼，还是在皇宫御厨，都有从业烹调的职业妇女的身影。有幸为皇上烹调的称为"尚食娘子"，为大小官吏当差的则称为"厨娘"。使用厨娘形成了一股不小的浪潮，这浪潮在京都涌起，波及到了岭南。唐代房千里在岭南做过官，他所写的《投荒杂录》便记述了岭南人争相培养女厨的事。他说岭南无论贫富之家，教女都不以针线

宋代砖画厨娘图

为基本功，却专意培养她们下厨做饭的本领，如果一个女子能做得几盘好菜，那便是一个"大好女子"。有时婚聘时讲的条件，也是以厨事为优，尽管"裁剪补袄一点儿也不会，可是修治水蛇黄鳝却一条必胜一条"，这样的女子是不愁嫁不出去的。

《问奇类林》说，宋代太师蔡京有"厨婢数百人，庖子十五人"。《清异录》则说，唐代宰相段文昌，家厨由老婢膳祖掌管，老婢训练过上百名婢女，教给她们厨艺，其中九人学得最精。官僚们的家厨有这么大的规模，饮馔之精，可以想见。从另一方面看，在唐宋之时女厨似乎较受重视，蔡京所用厨婢达数百人之多，这个数字相当惊人。

宋代廖莹中的《江行杂录》，记录了宋时京都厨娘的一些情况，与唐时岭南很有些相似。如田氏说京都中下之户，并不看重生男孩子，生了女孩反倒是爱护有加。待她们要长成人的时候，就随其资质教以不同的本领，其中的一些便被培养成了厨娘。厨娘被认为是"最为下色"可又是非极富贵家别想请到她们做饭。

厨娘们的地位虽不高，但她们却有绝妙的技艺和超然的风度，令人侧目。《江行杂录》说，有一告老还乡的太守，想起在京都某官处吃过的晚膳，那一日是厨娘调羹，味道特别适口，留下很深印象，于是也想雇一位厨娘，摆一摆阔气。费了很大劲，才托人在京师物色到一位厨娘，年可二十，能书会算，颇具姿色。不数日厨娘即起程前往老太守府中，未及进府，在五里地以外住下，遣一脚夫先给太守递上一封信。信是她亲笔所写，字迹端正，很体面地要求太守发一四抬暖轿来接她进府，太守毫不迟疑地照办了。待到将厨娘抬进府中，人们发觉她确实不同于一般庸碌女子，红裙翠裳，举止文雅。太守大喜过望，第二天便请厨娘展露本领。厨娘随身带着璀璨耀目的金餐具，以及刀砧杂品。厨娘换上围袄围裙，挥刀切肉，惯熟条理，有运斤成风之势。做出的菜品真个是馨香脆美，清新细腻，食者筷子举处，盘中一扫而光，纷纷说好吃好吃。

厨娘的手艺得到来宾交口称赞，太守脸上平添不少光彩。筵宴圆满结束，厨娘还要做一件大事，她对老太守说："今天是试厨，您也非常满意，但照规矩得给我犒赏。"说着还拿出一个单子给太守看，单子上说每次办宴会，要支赐给厨娘绢帛或至百匹，钱或至三二百千。太守不得已勉强照数支付。但是私下里却叹着气说："像我们这样的人事力单薄，这样的筵宴不宜经常举行，这样的厨娘也不宜经常聘用。"没过两月，太守便找了个理由将厨娘"善遣以还"。

办一次宴会，要讨一次赏，厨娘的要价还特别高，难怪老太守要感叹自己财力不足，最后不得不将厨娘打发走了事。如此看来，宋代厨娘确有些了不得，她们究竟是何等模样呢？

我们从出土宋代砖刻上，可以一睹厨娘的风采。在中国历史博物馆收藏的四块厨事画像砖上，描绘了厨娘从事烹调活动的几个侧面。砖刻所绘厨娘的服饰大体相同，都是危髻高耸，裙衫齐整，焕发出一种精明干练的气质，甚至透出一缕雍容华贵的神态。她们有的在结发，预示厨事即将开始；有的在斫脍，有的在烹茶涤器，全神贯注之态，跃然眼前。这些

画像砖出自宋代墓葬，宋人在墓中葬入厨娘画像砖，表明他们即便生前不曾雇用厨娘，也希求死后能满足这个愿望；或者生前有厨娘烹调，死后也希望依旧有厨娘侍候。看来要得享用美味，还非有厨娘不行，这画像砖可印证《江行杂录》所记的传闻有一定的真实性。

看到这人物形象刻画准确生动，具有高度艺术水平的画像砖，我们完全可以相信，像这样风度翩翩的厨娘，在宋代一般富裕之家大约真的雇用不起。难怪当这批画像砖刚刚公布时，曾迷惑了一些资历很深的研究者，认为画中绝非婢女之流。但她们确确实实就是厨娘，就是廖莹中描述的体态婀娜、精明洒脱、身怀绝技的宋代厨娘。

肆

酒茶之间

> 茶与酒，天赐人造，刚柔相济。
> 茶与酒，是冤家，也是亲朋。你是偏爱，还是兼爱？

◎ "天之美禄"

人类发明了各种各样的烹饪方法，制作出了各种各样的美味食物。佳肴纵有千变万化，并不能完全满足人类的饮食需要，我们在食物之外，还需要饮料。平淡的白水尽管取之不尽，但人类却还要取用其他的饮料，如奶水与果浆。不仅如此，人们还要取植物原料费心制作各种饮料，如茶和咖啡。这些依然还是不能满足人类的嗜欲，于是又经过细心摸索，发明了酿造技术，为天地间带来了美酒。

爱酒，好像是全人类的通例。不唯是人，连天与地也都是爱酒的，"天若不爱酒，酒星不在天；地若不爱酒，地应无酒泉"，"人生得意须尽欢，莫使金樽空对月"，有"酒仙"之称的李白有诗这样咏叹。对许多人来说，酒中的感受是美好的，畅快的，对此酒人们可以津津乐道。不过若是提起酒初酿成功的时代，我们恐怕不易找出一个完满的答案来。

好像是从战国时代开始，延至汉代，人们在狂饮烂醉之后，很想知道酒的起源，饮者对最先造酒而给他们带来美好享受的先人，怀有一种非常特别的感激之情。汉代人称酒为"天之美禄"，说它是上天赐予人类的礼物，既可合欢，又能浇愁，味之美，意之浓，无可比拟。

对这样好的东西，究竟是如何发明、是何人发明，战国至汉代的人在狂饮烂醉之后，想起该弄个明白。对此古籍中有结论不同的考证。佚书《世本》和《吕氏春秋》、《说文》说，酒最早是夏禹时代的仪狄初酿成功的，后又由少康或杜康作改进，酿成了美味的粮食酒。爱酒的田园诗人陶渊明先生，也说是"仪狄造酒，杜康润色之"。这样的说法很难说是确切的，古人也并不是全都相信这会是事实，晋代文人江统在《酒诰》中说，他就不大相信仪狄与杜康发明了酿酒技术的说法，认为酒的出现完全是自然造化之功，人们在剩饭中尝到了郁积的芬芳之味，并由此受到启发造出了美酒。江统认为酒最早酿成于农业刚刚发明的神农时代，这与《淮南子》中"清盎之美，始于耒耜"之说，如出一辙。将酒的初酿与谷物的栽培相提并论，也许是符合事实的，符合远古中国的实情。

老酒

古代中国酒类的主打产品是谷物酒而不是果酒。最早的果酒是水果直接受自然界中酵母菌的作用而发酵生出的液体，谷物酿酒远不如水果来得容易，因为谷物不能与酵母菌发生作用而生出酒来，淀粉必须经水解变成麦芽糖或葡萄糖后，也就是先经糖化以后，才可能酒化，生出美酒来。当然，人类所得的最早的谷物

汉画六博图，刻画了醉饮高呼的情态。

酒，也不一定经过了太复杂的工艺，中国远古的初酿成功，可能起因于谷物的保管不善而发芽变质，这种谷物煮熟后食之不尽，存放一段时间就会自然酒化，这便是谷芽酒。许多次的失败，让人们反复尝到了另一种难得的美味，启发了人们新的欲望，于是

有意识有目的的酿酒活动便开始了。从这个角度来说，古代视酒为"天之美禄"，也可以说是恰如其分的了。

史前人类酿酒摸索出了一些相当原始的方法，在世界上许多地区的土著民族中，都曾经采用过一些类似的方法酿酒。有的民族是用口咀嚼泡过

仰韶文化彩陶双联壶（河南郑州）

的米粒，让酸性的唾液使淀粉糖化发酵而成酒。我们的先民大概很早就发明了糖化和酒化同时进行的复式酿法，酒曲的使用就是证明。那些在自然状态下发芽变质的谷粒，其实就是天然酒曲。酒曲的发明，有的研究者认为可能是与谷物酿酒同时取得的成就，这似乎有点夸大了。不过酒曲在商代已广泛用于酿酒，这是没有疑问的，商代文献《尚书》中已明确地提到了它。在河北藁城台西村商代遗址出土的酒器内，有一些灰白色的沉淀物，经鉴定是人工培植的酵母。我们不妨作些推测，酒曲的发明可能是在商代以前就完成了。酒曲酿酒是古代中国重大的发明之一，这比起世界上其他古代文明所流行的用麦芽糖化再加酵母发酵的酿造工艺要先进得多。难怪有的外国学者将酒曲的发明与指南针、火药、造纸和印刷术四大发明相提并论，将它作为中国古代的第五大发明。

有些研究者通过对龙山文化和大汶口文化发现的大量与商代类同的酒具的考证，认为谷物酿酒起源于6000多年以前，也有人认为酒的发明时代还要更早。龙山文化时代，饮酒已成为一种普遍的社会风尚。我们无须太多论证就可明了，酒的作用与影响远远超出了它作为饮料存在的价值。人类社会发展到今天没有离开美酒，发展到未来，大概也是离不开酒了。假若没有酒，这世界又该是什么样子？

◎酒池的悲剧

《战国策·魏策一》说："帝女令仪狄作酒而美，进之禹。禹饮而甘之……遂疏仪狄而绝旨酒。"大禹时仪狄所酿的，是一种"旨酒"，一种味道更美的酒。仪狄可能是改良了传统工艺，提高了酒的浓度，使酿酒业脱离了最原始的发展。

既然仪狄的酒更加醇美，但大禹饮罢却很不愉快，而且因此疏远了这位创造者，究竟是为了什么？一种解释是，大禹生平不爱饮酒，如《孟子·离娄下》所说："禹恶旨酒而好善言。"另一种认识是，大禹远见卓识，他预见到美酒可能会造成损人亡国之祸，他饮了仪狄送来的美酒，首次反应就在他当时说的那一句话中："后世必有以酒亡其国者"（《战国策·魏策一》）。

夏禹的担心不是没有道理的。夏代的亡国之君夏桀，以酒为池，"使可运舟，一鼓而牛饮者三千人"（《新序·刺奢》），据说他还因酒浊而杀死了庖人。以池盛酒，三千之众一起共饮，那是何等壮观的场面！如此好酒，夏的亡国不能不说与此没什么关系。如果夏桀亡国还不足论的话，那么商纣的灭国则完全应了大禹的预言，美酒的祸害由此可以看到一

商代酒器青铜觚

商代酒器青铜卣

个残酷的例证。

殷商人爱酒，甚于夏代之时。酒曲的发明，使酒的作坊化生产成为可能，商代因此也大大提高了酒的产量。《六韬》说"纣为酒池，迴船糟丘而牛饮者三千余人为辈"，这群饮的规模一点也不亚于夏桀的时代。考古学家们发现，在一些商代贵族墓葬中，凡是爵、觚、斝、盉等酒器，大都同棺木一起放在木椁之内，而鼎、鬲、甗、簋、豆等饮食器皿都放在椁外，可见商代嗜酒胜于饮食，他们格外看重酒器，死了随葬时也要放在离身体近一些的地方。贵族们的地位和等级的区别，主要在酒器而不是在食器上反映出来，较大的墓中可以见到10件左右的青铜酒器。晚期大墓中多的可以见到100多件酒器，一般平民墓葬则是见不到这些东西的。

据《史记·殷本纪》及其他史籍记载，商纣王刚即王位时，曾是一个很有作为的帝王，他"资辨捷疾，闻见甚敏，才力过人，手格猛兽"，能"倒曳九牛，抚梁易柱"，"知足以距谏，言足以饰非，矜人臣以能，高天下以声，以为皆出于己之下"。这虽不能全算是优点，但也着实不能算作是昏庸的君主。后来，纣王逐渐变得"好酒淫乐，嬖于妇人"，以至"以酒为池，县肉为林，使男女倮相逐其间，为长夜之饮"。如此纵酒，愈发昏庸，兴出炮烙之法、醢脯之刑，良臣被囚被杀，或至叛逃。商王朝终于为周武王率诸侯攻伐，纣王落了个自焚鹿台的下场。

周人非常清楚殷商灭亡的原因，所以在建国伊始，严禁饮酒。《尚书·酒诰》记载了周公对酒祸的具体阐述，他说戒酒既是文王的教导，也是上天的旨意。上帝造了酒，并不是给人享受的，

西周酒器青铜觚

西周铜方壶（山西曲沃）

而是为了祭祀。周公还指出，商代从成汤到帝乙20多代帝王，都不敢纵酒而勤于政务，而继承者纣王却全然抛弃了这个传统，整天狂饮不止，尽情作乐。致使臣民怨恨，而且"天降丧于殷"，使老天也有了灭商的意思。

周公因此制定了严厉的禁酒措施，规定周人不得"群饮"、"崇饮"（纵酒），违者处死。包括对贵族阶层，也要强制戒酒，像夏商时代那样的酒池，在周代也就见不到了。

◎汉代的酒与酒徒

我们知道唐代人爱酒，以文人墨客最甚。其实汉代何尝不是如此，比起唐代也并不逊色。汉代人普遍嗜酒，所以酒的需求量很大，无论皇室、显贵、富商，都有自设的作坊制曲酿酒，另外也有不少自酿自卖的小手工业作坊。一些作坊的规模发展很快，不少作坊主因此而成巨富，有的甚至"富比千乘之家"，这是司马迁在《史记》中记载的事实。

汉代的酒，酒精含量较低，成酒不易久存，存久便会酸败。因为酒中水分较高，酒味不烈，所以能饮者多至石余而不醉。到东汉时酿成度数稍高的醇酒，酒人们的海量渐有下降。西汉时一斛米出酒三斛余，而东汉是一斛出一斛，酒质有很大提高。汉代的酒多以原料命名，如稻酒、黍酒、

汉代铜樽

汉代玉杯（广东广州）

汉代漆杯盒（湖南长沙）

秫酒、米酒、葡萄酒、甘蔗酒等。另外还有一些添加配料的酒，如椒酒、柏酒、桂酒、兰英酒、菊酒等。质量上乘的酒往往以酿造季节和酒的色味命名，如春醴、春酒、冬酿、秋酿、黄酒、白酒、金浆醪、甘酒、香酒等。汉时的名酒也有以产地命名的，如宜城醪、苍梧清、中山冬酿、酃绿、酁白、白薄等。这些酒名不仅见于古籍的记述，而且见于出土的竹简和酒器。

《汉书·食货志》谈到汉代用酒量很大，说是"有礼之会，无酒不行"，无酒不待客，不开筵。有了许

多的美酒，又有了许多的饮酒机会，许多的人也就不知不觉加入到酒人的行列，成为酒徒、醉鬼。有意思的是，汉代人并不以"酒徒"一名为耻，自称酒徒者不乏其人。如有以"酒狂"自诩的司隶校尉盖宽饶（《汉书·盖宽饶传》），还有自称"高阳酒徒"的郦食其（《汉书·郦食其传》），开国皇帝刘邦也曾是个酒色之徒，常常醉卧酒店中（《史记·高祖本纪》）。东汉著名文学家蔡邕，曾因醉卧途中，被人称为"醉龙"（《龙城录》）。继王莽而登天子宝座的更始帝刘玄，"日夜与妇人饮谑后庭，群臣欲言

事，辄醉不能见"。不得已时，就找一个内侍代他坐在帷帐内接见大臣。这更始帝的韩夫人更是嗜酒如命，每当夫妇对饮时，遇臣下奏事，这夫人便怒不可遏，以为坏了她的美事，有一次一巴掌硬是拍破了书案。要说起来，见于历史记载的女酒徒是不多的，韩夫人该是屈指可数的第一位了（《后汉书·刘玄传》）。

还有被曹操杀害的孔子二十世孙孔融，也是十分爱酒，常叹"座上客常满，樽中酒不空，吾无忧矣！"（《英雄记钞》）又如荆州刺史刘表，为了充分享受杯中趣，特制三爵，大爵名"伯雅"，次曰"仲雅"，小爵称"季雅"，分别容酒七、六、五升。设宴时，所有宾客都要以饮醉为度。筵席上还准备了大铁针，如发现有人醉倒，就用这铁针扎他，检验到底是真醉还是佯醉（《史典论》）。考古发掘到的中山王刘胜夫妇墓，墓室中摆有30多口高达70厘米的大陶酒缸，缸外用红色书有"黍上尊酒十五石"、"甘醪十五石"、"黍酒十一石"、"稻酒十一石"等，估计当时这些大缸总共盛酒达5000多公斤，这还不包括其他铜壶内的酒。《史记·五宗世家》说刘胜"为人乐酒好肉"，应当说是实事求是的评价。

汉代铜壶（河北满城）

◎乱世酒风：说"七贤"与陶潜

与权贵们的豪奢相映照的，是名士们的纵酒放达，不务世事，狂诞不羁，称为名士风度。何谓"名士"？《世说新语》记晋代一位刺史王孝伯的话说："名士不须奇才，但使常得无事，痛饮酒，熟读《离骚》，便可称名士。"这个说法不算全面，但也略有些道理。汉代名士议论政事，没有什么好下场。魏晋名士专谈玄理，就是所谓清谈。表现在饮食生活上，便如鲁迅先生所论说的，食菜和饮酒。这是魏晋名士最突出的特色。

正始名士是指曹魏正始年间以何晏等人为首的一帮名士。何晏字平叔，是东汉末大将军何进的孙子，母为曹操夫人，自幼为曹操收养。何晏官至吏部尚书，与夏侯玄、邓飏等人不仅以清谈著名，而且也以服"五石散"著名。何晏好女色，求房中术，以至爱穿妇人之服，服五石散求长生。所谓五石散，又称寒食散，炼钟乳石、阳起石、灵磁石、空青石、原砂等药为之，药方本出汉代，但那时服用的人不多，弄不好会丧命。而何晏摸索出一套方法，获得神效，于是大行于世。按何晏自己的说法，服五石散"非惟治病，亦觉神明开朗"（《世说新语·言语》），看来有清神之功。服五石散的人，饮食极有讲究，饭食必须吃凉的，衣服不能穿厚

晋模印砖画《竹林七贤》（江苏南京）

晋模印砖画《竹林七贤》（江苏南京）

的，但饮酒必得微温，否则后果不堪设想。正始名士也并非不饮酒，大约比起竹林七贤稍有逊色。

"竹林七贤"是指西晋初年清谈家的七位代表人物阮籍、嵇康、刘伶、向秀、阮咸、山涛、王戎七人。他们提倡老庄虚无之学，轻视礼法，远避尘俗，结为竹林之游，因而史称"竹林七贤"。这些人的脾气似乎大都很是古怪，外表装饰得洒脱不凡，轻视世事，胸中却奔腾着难以遏止的痛苦的巨流。"竹林七贤"起初都是当政的司马氏集团的反对者，后来有的被收买，做了高官，不愿顺从者则被治罪，以致处死。

阮籍字嗣宗，曾任步兵校尉、散骑侍郎，封关内侯。阮籍本来胸怀济世之志，因为与当权的司马氏有矛盾，看到当时名士大都结局不妙，于是常常纵酒佯狂，以避祸害。每每狂醉、之后，就跑到山野荒林去长啸，发泄胸中郁闷之气。武帝司马炎的父亲司马昭曾替儿子向阮籍家求婚，阮籍根本不同意这门亲事，但又不便直接回绝，结果一下子喝得烂醉如泥，一醉六十多天，躲了过去。他家邻居开了一个酒店，当垆沽酒的少妇长得十分漂亮，他便常去饮酒，饮醉了就躺倒在少妇旁边。少妇丈夫也很了解阮籍的为人，所以也不怪罪他。

阮籍好饮酒，寻着机会就酗饮不止。他听说步兵营厨人极善于酿酒，有贮酒三百斛，于是请求为步兵校尉，为的是天天能喝到酒。他任性不羁，把礼教不放在心上。他母亲去世时，正好在与别人下棋，对手听到噩耗，请求不要再下了，阮籍却非要与他决个输赢不可，下完棋后又饮了二斗酒，大号一声，吐血数升。到临葬母时，又是二斗酒下肚。与母诀别，一句话说不出口，还是大号一声，又吐血数升。他服丧的风度，也与常人大异。就在丧期时，司马昭又请他与何曾一起饮酒，何曾当面数落，说了一套守丧不可食肉饮酒的规矩，而阮籍神色自若，端起酒杯照饮不误。

阮籍虽然自己如此放荡，却不允许儿子阮浑学他的模样，也不许阮家弟子学阮咸的模样。因为他自己是佯狂，不必学；而阮咸是纵欲，不可学。

嵇康字叔夜，与阮籍齐名，官至中散大夫。他与魏宗室有姻亲，不愿投靠司马氏，终被谗杀。史籍说他二十年间不露喜愠之色，恬静寡欲，宽简有大量。山涛得志后推荐他做官，他辞而不受，云"浊酒一杯，弹琴一曲，志愿毕矣"。他把官吏比作动物园里的禽兽，失却了自由。嵇康在一首五言诗中写道："泽雉穷野草，灵龟乐泥蟠。荣名秽人身，高位多灾患。未若捐外累，肆志若浩然"，这充分表达了他不为官、不求名的心境。

嵇康尽管自己疾恶，与阮籍一样，也不希望后代走他们的路。《嵇康集》里有一篇他为尚不满十岁的儿子写的《家诫》，道尽了谨慎处世的诀窍。他说，如果有人请你饮酒，即便你不想饮也不要坚决推辞，还得和和气气地端起杯子。要做谨小慎微的君子，不可不读读这篇《家诫》。

嵇康还著有《养生论》，将老庄之道的饮食摄生理论作了透彻的阐述。他说，"滋味煎其腑脏，醴醪煮其肠胃，香芳腐其骨髓。喜怒悖其正气，思虑销其精神，哀乐殃其平粹。"提倡清虚静态、少私寡欲，善于养生的人，都要认识厚味害性的道理，必得弃而不顾，不可贪而后抑，那就为时已晚了。嵇康甚至总结出"穰岁多病，饥年少疾"的经验之谈，故此要节制饮食，"口不尽味"。如果"以恬淡为至味，则酒色不足钦也"，酒与色都是甜美的毒药，没有必要去追求不止。事实上，嵇康确乎不在酒徒之列，他没有竹林七贤中别人那样的酗酒事迹。嵇康还提出"养生有五难"之说，即所谓"名利不灭，喜怒不除，声色不去，滋味不绝，神虚精散"。如果克服"五难"，那么就能"不祈喜而有福，不求寿而自延"。嵇康的养生之道有很多内容是可取的，可他视五谷而不顾，专事饮泉啜芝，那就不是一般人所能做到的了。

向秀字子期，司马昭时授黄门侍郎、散骑常侍。向秀清悟有远识，与嵇康论养生之道，两人观点表面上对立，实则一体。向秀为使嵇康的论点阐发得更为充分，所以多次故作诘难，不过他表述的重视五谷的论点至少代表了其他一部分士人的思想。也许向秀与嵇康一样，也是七贤中对酒并不怎么感兴趣的人，是否滴酒不沾，那就很难说了。

刘伶字伯伦，曾任建威参军。生性好酒，放情肆志。常乘鹿车，携壶酒，使人扛着铁锹跟在他后面，说"我不论在何处一死，你即刻便把我埋在那儿"。刘伶淡默而少言语，但却能"一鸣惊人"。他有一次饮酒将醉，把身上的衣服脱得精光，赤条条的样子，有人见了笑话他，他却说："我是以天地作为大厦，以房屋当衣裤，你看你们这些人怎么钻到我裤子里来了！"反将讥笑他的人羞辱了一番。又有一次，刘伶醉后与一大汉发生摩擦，那人卷起衣袖，挥起拳头就要开打。刘伶冷冷地说了一句"我瘦如鸡肋一根，没有地方好安放您这尊拳"。这话来得很是意外，大汉竟收敛起怒气，一时哈哈大笑。

刘伶嗜酒成性，这使他的妻子深感不安，妻子不得不对他严加限制。有一天刘伶的酒瘾犯了，实在按捺不住，只得硬着头皮向妻子讨酒喝。妻子一气之下，砸毁了酒器不说，把家里存的酒也都给倒在了地上。妻子哭着对丈夫说："夫君饮酒太多，非合摄生之道，一定得戒了酒才好。"刘伶听了这话，连忙说："你的话对极了，酒是该戒。只是我这个人自己控制不了自己，还得当着鬼神祝祷表个决心才成。你快些为我准备敬神的酒肉吧。"妻子听信了他的话，酒肉准备妥当，只见刘伶跪在一旁，口中念念有词，说什么"天生刘伶，以酒为名。一饮一斛，五斗解酲。妇儿之言，慎不可听"。说完端起酒来就饮，拿过肉便吃，不一会又醉得不成样子，妻子也拿他没有办法。

刘伶虽不大留意笔墨文字，仅有的一篇《酒德颂》却一直流传下来，也堪称千古佳作。这篇文字是这样写的：

有大人先生，以天地为一朝，以万期为须史，日月为扃牖，八荒为庭衢。行无辙迹，居无室庐，幕天席地，纵意所如。止则操卮执觚，动则挈榼提壶，惟酒是务，焉知其余？有贵介公子，缙绅处士，闻吾风声，议其所以，乃奋袂攘襟，怒目切齿，陈说礼法，是非锋起。先生于是方捧甖承槽，衔杯漱醪；奋髯踑踞，枕麴藉糟；无思无虑，其乐陶陶。兀然而醉，怳尔而醒，静听不闻雷霆之声，

辽鎏金錾花錾耳银杯上的"竹林七贤"（耶律羽之墓）

熟视不睹泰山之形，不觉寒暑之切肌，利欲之感情……

不消说，这里刘伶是在宣扬自己的处世哲学，他的嗜酒，完全是为了麻醉自己。他并不是不懂得妻子所说的嗜酒伤身的道理，可他却正是因酒而保全了自己，得以寿终。

阮咸字仲容，是阮籍的侄子，叔侄并称"大小阮"。阮咸曾任散骑侍郎，出补始平太守，一生任达不拘，纵欲湎酒。阮氏宗族皆好酒，有一次宗人聚集，连平常用的酒杯都不要，只用大盆盛酒，大家围坐共饮。正巧这时有一群猪跑过来，猪和人都一起共享这盆中的酒。阮咸因为精通音乐，善弹琵琶，大概饮得高兴了，还会弹唱一曲。

山涛字巨源，七贤中他的官做得较大，大到吏部尚书、侍中。山涛的酒量大到八斗，不尽量即止。晋武帝想试试山涛酒量大小，专门找他来饮酒，名义上给了他八斗，可又悄悄地增加了一些，山涛将饮到八斗，就再也不举杯了。

王戎字濬冲，他仕路通显，历官中书令、光禄大夫、尚书左仆射、司徒。他是七贤中年龄最小的一个，幼时聪颖过人，神采秀彻。有一次，小王戎和一群孩子在路边玩耍，见到一棵李树上结满了果实，那些孩子们都争先恐后地去摘李子吃，只有王戎一个人不动声色。有人问他为何不去摘些尝尝，他说："路边的李树能保持累累的果实，必是苦李无疑。"那人取李子一尝，果真如此。王戎自家有优种的李树，常常高价出售李子，他怕别人得了李核种成会夺了他的利，于是将李核都钻破了再卖，因此而受到了世人的讥讽。

竹林七贤中，王戎、嵇康和向秀倒是并不怎么嗜酒，不过也不好说他们一点酒不饮。《世说新语·任诞》说："七人常集于竹林之下，肆意酣畅"，可见多少是要饮一些的。南京及附近地区的六朝墓葬中，出土过大型拼砌画像砖，其中便有竹林七贤的群像，七人都是席地而坐，或抚琴弹阮，或袒胸畅饮，或吟咏唱和，名士风度刻画入微。

说到嗜酒，不能不提及东晋田园诗人陶潜。陶潜字渊明，他的先祖曾在朝廷为官，到了他这一代，已是破落不堪。他少时即爱读书，所谓"好读书，不求甚解"。生性爱酒，但因家境穷极，常常买不起酒。亲戚朋友爱慕陶潜的才学，常常买好酒请他去饮，他也一点不客气，一请就到，饮醉了才回家。后来陶潜被推荐做了彭泽县令，他让衙门所有的二百亩公田都种上糯稻，准备酿酒。陶潜最终因不愿为五斗米折腰，辞去县官，回家种田去了。朝廷再有征召，他一概不应。

陶潜一生，与诗、酒一体。他的脸上很难见到喜怒之色，遇酒便饮，无酒也雅咏不辍。他自己常说，夏日闲暇时，高卧北窗之下，清风徐徐，

与羲皇上人不殊。陶潜虽不通音律，却收藏着一张素琴，每当酒友聚会，便取出琴来，抚而和之，人们永远也不会听到他的琴声，因为这琴原本一根弦也没有。用陶潜的话说，叫做"但识琴中趣，何劳弦上声"。陶潜醉后所写的《饮酒二十首》，有序曰"偶有名酒，无夕不饮。顾影独尽，忽焉复醉。既醉之后，辄题数句自娱"。就这样一醉一诗，写了二十首。其中一首是："劲风无荣木，此荫独不衰。托身已得所，千载不相违。"另一首又说："结庐在人境，而无车马喧。问君何能尔，心远地自偏。采菊东篱下，悠然见南山。山气日夕佳，飞鸟相与还。此中有真意，欲辩已忘言。"充分表达了他逃避现实，安于隐居的心境，他也确实在田园生活中找到了别人所不能得到的人生快乐和心灵慰藉。

同样是嗜酒，却不一定是同样的心境。例如还有一种人，精神上并无什么寄托，只是一味纵欲酣饮，既不像七贤是为了麻醉自己和隐蔽自己，也不大像陶潜那样，是为了逃避尘世的烦恼。如都督三州军事的王忱，晚年一饮连日不醒，醉后或脱光衣服，裸体而游，每叹三日不饮酒，便觉形神不相亲。他自号"上顿"，当时人从此以狂饮为"上顿"。

历史上的酒徒不计其数，在史籍中留下大名的人委实不少。仔细一想，任何时代出名的酒徒都没有魏晋南北朝时代这300余年的多，这是时势所造成的，既造了英雄，也造了酒徒。唐代大诗人李白的名篇《将进酒》，有一句"古来圣贤皆寂寞，惟有饮者留其名"，说的大约就是魏晋南北朝时代的情形。

单纯追求酒中趣的人也是有的。东晋征西大将军桓温手下的参军孟嘉，喜爱酣饮，饮得越多越清醒。桓温问他："饮酒有什么好处，你为何这么嗜酒？"孟嘉回答说："桓公此话说明未得酒中之趣呀？"饮酒的乐趣看来并不是每个酒徒都能体会得到的。晋人袁山松《酒赋》说："一歠宣百体之关，一饮荡六腑之务"，指的是酒对身体有舒展作用。南朝陈末代皇帝陈叔宝在位之时，终日与宠妃狎客酣歌游宴，制作艳词，不问政事。他的作品中有四首写酒的《独酌谣》，其中第一首这样写道：

独酌谣，独酌且独谣。
一酌岂陶暑，二酌断风飙，
三酌意不畅，四酌情无聊，
五酌孟易覆，六酌欢欲调，
七酌累心去，八酌高志超，
九酌忘物我，十酌忽凌霄。
凌霄异羽翼，任志得飘飘。
宁学世人醉，扬波去我遥。
尔非浮丘伯，安见王子乔？

这里将一个帝王忘情于酒的心志表露无遗，也将酒中趣的体验写得十分真切。

◎ "酒家胡"：唐代诗人的最爱

唐朝国威强盛，经济繁荣，在中国古代是空前的，在当时的世界上也是仅有的。在这个基础上，承袭六朝并突破六朝的唐文化，博大清新、辉煌灿烂。唐文化吸引着四方诸国人民，唐代因此而成为中外文化交流的极盛时代。

唐代的对外文化交流，遍及于广州、扬州、洛阳等主要都会，而以国都长安最为繁盛。唐代长安是当时世界上最宏伟的都城，全城周回35公里有余，这里是一个最大的开放城市，是东西方文化交流的集中点。来往这里的有四面八方的各国使臣，包括远

唐三彩骑马女俑，她应当就是胡姬。

在欧洲的东罗马外交官。他们带来了使命，也带来了自己本国的文化，甚至还朝献本地方物特产。唐太宗时，中亚的康国献来金桃银桃，植育在皇家苑囿；东亚的泥婆罗国遣使带来菠绫菜、浑提葱，后来也都广为种植。在长安有流寓的外国王侯与贵族近万家，还有在唐王朝供职的诸多外国官员，他们世代留住长安，有的建有赫赫战功，甚至娶皇室公主为妻，位列公侯。各国还派有许多留学生到长安来，专门研习中国文化，国子监就有留学生八千多人。长安作为全国的宗教中心，吸引了许多外国的学问僧和求法僧来传经取宝。此外，长安城内还会集有大批外国乐舞人和画师，他们把各国的艺术带到了中国。更要提到的是，长安城中还留居着大批西域各国的商人，以大食和波斯商人最多，有时达数千之众。

一时间，长安及洛阳等地，人们的衣食住行都崇尚西域风气，正如诗人元稹《法曲》所云："自从胡骑起烟尘，毛毳腥膻满咸洛。女为胡妇学胡妆，伎进胡音务胡乐……"饮食风味、服饰、音乐，都以外国的为美，"崇外"成为一股不小的潮流。外国文化使者们带来的各国饮食文化，如一股股清流汇进了中国这个汪洋，使我们悠久的文明掀起了前所未有的波澜。

长安城东西两部各有周回约4000米的大商市，即东市和西市，各国商人多聚于西市。考古学家们对长安东西两市遗址进行过勘察，并多次发掘过西市遗址。西市周边筑有围墙，内设沿墙街和井字街道与小巷，街道两侧有排水明沟和暗涵。在西市南大街，还发掘到珠宝行和饮食店遗址。

西市饮食店中，有不少是外商开的酒店，唐人称它们为"酒家胡"。唐代文学家王绩待诏门下省时，每日饮酒一斗，时称"斗酒学士"，他所作诗中有一首《过酒家》云："有钱须教饮，无钱可别沽。来时常道贳，惭愧酒家胡"，写的便是闲饮胡人酒家的事。酒家胡竟还赊欠酒账，这为酒客们提供了极大的方便，也说明各店可能都有一批熟识的老顾客。

酒家胡中的侍者，多为外商从国外携来，女子称为胡姬。这样的异国女招待，打扮得花枝招展，备受文人雅士们的青睐。请读读唐人的这几首诗：

唐代舞马衔杯银壶

> 为底胡姬酒，长来白鼻騧。
> 摘莲抛水上，郎意在浮花。
>
> ——张祜《白鼻騧》

> 琴奏龙门之绿桐，玉壶美酒清若空。
> 催弦拂柱与君饮，看朱成碧颜始红。
> 胡姬貌如花，当垆笑春风。
> 笑春风，舞罗衣，
> 君今不醉将安归！
>
> ——李白《前有樽酒行》

唐代金耳杯（陕西西安）

胡姬不仅侍饮，且以歌舞侑酒，难怪文人们流连忘返，是异国文化深深地吸引着他们。李白也是酒家胡的常客，他还有好几首诗都写到酒家

胡的事，如：

> 银鞍白鼻騧，绿地障泥锦。
> 细雨春风花落时，挥鞭直就胡姬
> 饮。
>
> ——《白鼻騧》

> 书秃千兔豪，诗裁两牛腰。
> 笔纵起龙虎，舞曲拂云霄。
> 双歌二胡姬，更奏远清朝。
> 举酒挑朔雪，从君不相饶。
>
> ——《醉后赠朱历阳》

> 何处可为别，长安青绮门。
> 胡姬招素手，延客醉金樽……
>
> ——《送裴十八图南归嵩山》

> 五陵年少金市东，
> 银鞍白马度春风。
> 落花踏尽游何处，
> 笑入胡姬酒肆中。
>
> ——《少年行》

游春之后，要到酒家胡喝一盅。朋友送别，也要到酒家胡钱行。杨巨源有一首《胡姬词》，专门描述了酒店中的胡姬：

> 妍艳照江头，春风好客留。
> 当垆知妾惯，送酒为郎羞。

> 香度传蕉扇，妆成上竹楼。
> 数钱怜皓腕，非是不能愁。

酒家胡经营的品种，当主要为胡酒胡食，也经营仿唐菜。贺朝《赠酒店胡姬》诗云："胡姬春酒店，管弦夜铿锵。……玉盘初脍鲤，金鼎正烹羊。"鲤鱼脍，当是正统的中国菜。

唐代的胡酒有高昌葡萄酒、波斯三勒浆和龙膏酒等。据史籍记载，唐太宗时破高昌国，收马乳葡萄种子植于苑中，同时还得到葡萄酒酿造方法。唐太宗亲自过问试酿葡萄酒，当时酿造成功八种成色的葡萄酒，"芳辛酷烈，味兼缇盎"，滋味不亚于粮食酒。唐太宗将在京师酿的葡萄美酒颁赐给群臣，京师一般民众不久也都尝到了醇美甘味。汉魏以来的帝王们虽然早已享用过葡萄酒，但那都是西域献来的贡品，到唐代内地才开始酿造。有人推测内地也许在汉代已掌握了葡萄酒的酿造技术，但没有提出更充足的证据。

三勒浆也是一种果酒，指用菴摩勒、毗梨勒、诃梨勒三种树的果实所酿的酒，法出波斯国。龙膏酒也是西域贡品，苏鹗《杜阳杂编》说它"黑如纯漆，饮之令人神爽"，是一种高级饮料。

◎酒令如军令

酒之为物，因为酒精的缘故，能令人精神兴奋，又使人神志恍惚，兼有兴奋剂和麻醉剂的作用，真是奇妙。胆怯者饮它壮胆，愁闷者饮它浇愁，礼会者饮它成礼，喜庆者饮它庆喜。但要是分寸掌握不好，酒饮过了头，恐怕就要乐极生悲，愁上加愁，那就事与愿违了。

西周时代开始，已建立了一套比较规范的饮酒礼仪，它成了那个礼制社会的重要礼法之一。西周饮酒礼仪可以概括为四个字：时、序、数、令。时，指严格掌握饮酒的时间，只能在冠礼、婚礼、丧礼、祭礼或喜庆典礼的场合下进饮，违时视为违礼。序，指在饮酒时，遵循先天、地、鬼、神，后长、幼、尊、卑的顺序，违序也视为违礼。数，指在饮时不可发狂，适量而止，三爵即止，过量亦视为违礼。令，指在酒筵上要服从酒官意志，不能随心所欲，不服也视为违礼。

正式筵宴，尤其是御宴，都要设立专门监督饮酒仪节的酒官，有酒监、酒吏、酒令、明府之名。他们的职责，一般是纠察酒筵秩序，将那些违反礼仪者撵出宴会场合。不过有时他们的职责又不是这样，常常强劝人饮酒，要纠举饮而不醉或醉而不饮的人，以酒令为军令，甚至闹出人命案来。如《说苑》云，战国时魏文侯与大夫们饮酒，命公乘不仁为"觞政"，觞政即是酒令官。公乘不仁办事非常认真，与君臣相约："饮

汉代玉杯（广东广州）

不嚼者，浮以大白"，也就是说，谁要是杯中没有饮尽，就要再罚他一大杯。没想到魏文侯最先违反了这个规矩，饮而不尽，于是公乘不仁举起大杯，要罚他的君上。魏文侯看着这杯酒，并不理睬。侍者在一旁说："不仁还不快快退下，君上已经饮醉了。"公乘不仁不仅不退，还引经据典地说了一通为臣不易、为君也不易的道理，理直气壮地说："今天君上自己同意设了这样的酒令，有令却又不行，这能行吗？"魏文侯听了，说了声"善！"端起杯子便一饮而尽，饮完还说："以公乘不仁为上客"，对他称赞了一番。

古人饮酒，倡导"温克"，即是说虽然多饮，也要能自持，要保证不失言、不失态。《诗经·小雅·小宛》即云："人之齐圣，饮酒温克。"《诗经》有诗章对饮酒不守礼仪的行为进行批评，如《宾之初筵》就严厉批评了那些不遵常礼的酒人，他们饮醉后，仪容不整，起坐无时，舞蹈不歇，狃语不止，狂呼乱叫，衣冠歪斜。也提到要用酒监、酒吏维持秩序，保证有礼有节地饮酒，教人不做"三爵不识"、狂饮不止的人。

所谓"三爵不识"，指不懂以三爵为限的礼仪。《礼记·玉藻》提及三爵之礼云："君子之饮酒也，受一爵而色洒如也，二爵而言言斯，礼已三爵而油油，以退，退则坐。"经学家注"洒如"为肃敬之貌，"言言"为和敬之貌，"油油"为悦敬之貌，都是彬彬有礼的样子。也就是说，正人君子饮酒，三爵而止，饮过三爵，就该自觉放下杯子，退出酒筵。所谓三

宋代"醉乡酒海"经瓶

元代"一色好酒"瓷盘
（河北磁县）

爵,指的是适量,量足为止,这也就是《论语·乡党》所说的"唯酒无量不及乱"的意思。

唐人饮酒,少有节制。大概从宋代开始,人们比较强调节饮和礼饮。至清代时,文人们著书立说,将礼饮的规矩一条条陈述出来,约束自己,也劝诫世人。这些著作名之为《酒箴》、《酒政》、《觞政》、《酒评》等。清人张晋寿《酒德》中有这样的句子:量小随意,客各尽欢,宽严并济,各适其意,勿强所难,可以看到清代一般奉行的礼饮规范的具体内容。

◎酒令中的筹令与棋令

众人一起饮酒,每次端起酒杯,总要有一个由头,由头越是新奇越好,这是劝酒的一个方式。古代以酒令劝酒,除了文人们的那些即兴手段以外,常用筹令和棋令,这是大众酒令,行令无须多大见识。

筹令是以抽筹签的方式决定饮者,签上写明饮酒准则。唐代酒令筹有实物出土,江苏丹阳丁卯桥发现一套,包括令筹50枚、令旗一面、令纛杆一件、筹筒一件,筹筒为龟形座,银质涂金,十分精致。令筹上刻写的令辞均来自《论语》,所以又称《论语》酒令筹。令词中有"食不厌精——劝主人五分;不在其位,不谋其政——录事五分;有朋自远方来,不亦乐乎——上客五分;后生可畏——少年处五分"这样一些规矩。

酒令中的筹令,运用较为便利,但制作要费许多工夫,事先要做好筹签,刻写上令词和酒约。筹签多少不等,有十几签的,也有几十签的,古时有一种名贤故事令,共三十二筹,以人物典故为令词,还真有些雅致。如:

赵宣子假寐待旦——闭目者一杯

廉将军一饭三遗——告便者一杯

张子房借箸筹国——正举筷者饮一杯

曹孟德割须弃袍——无须脱衣者饮一杯

曹子建七步成诗——善诗者饮一杯

王羲之坦腹东床——未婚者饮一杯

陶渊明白衣送酒——白衣者饮一杯

李青莲脱靴殿上——穿靴者饮一杯

宋学士扫雪烹茶——吃茶者饮一杯

古时更有一种唐诗酒令，计有八十筹，也很有些意味，如：

玉颜不及寒鸦色——面黑者饮

人面不知何处去——须多者饮

焉能辨我是雄雌——无须者饮

独看松上雪纷纷——须白者饮

此时相望不相闻——耳聋者饮

人面桃花相映红——面红者饮

尚留一半给人看——戴眼镜者饮

粗沙大石相磨冶——麻面者饮

无因得见玉纤纤——袖不卷者饮

养在深闺人未识——初会者饮

情多最恨花无语——不言者饮

千呼万唤始出来——后至者三杯

世上而今半是君——惧内者饮

莫道人间总不知——惧内不认者饮

枝头树底觅残红——新婚者饮

汉画投壶图

最普遍的酒令莫过于棋子令，十四筹而已，实际上也是取诗词典故为令词，也极有韵味，全录于下：

帅　中原将帅忆廉颇——年老者饮

将　闻道名城得真将——穿制服者饮

仕　仕女班头名属君——座中女人饮

士　定似香山老居士——教师饮

相　儿童相见不相识——生客饮

象　诗家气象归雄浑——能诗者饮

车　停车坐爱枫林晚——面红者饮

汉代十八面行酒令青铜骰子

唐代酒令筹（江苏丹徒）

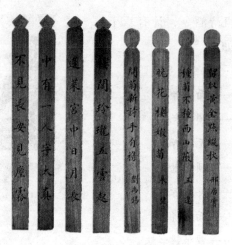

清代木质酒令筹

饮 伖 虢国金车十里香——洒香水者

饮 马 洗眼上林看跃马——戴眼镜者

饮 马 马踏云中落叶声——唱歌者饮
炮 炮车云起风欲作——起座者饮
砲 小池鸥鹭戏荷包——带皮包者

饮 兵 静洗甲兵常不用——脱衣者饮
卒 残卒自随新将去——带小孩者

饮

古代的酒令传至今日，仅划拳还在蔓延外，还有传花偶尔行之，最精华的都不见流行了。现代的划拳有时易露出粗俗的本色，有些场合已明令禁止。实际上，酒令在现代社会已走上了末路。不知是现代生活节奏加快的原因，还是传统文化过于古旧的原因，酒的生产量越来越多，酒民队伍也越来越大，可是酒令却近于湮没无闻了。有些人认为古代酒令有恢复和发扬的必要，以为酒令是益于身心健康、富于文化内容的饮酒游戏，应该继承下来。酒令还不失为一种促人学习的好办法，使人在游戏中既饮佳酿，快活怡情，又互相学习，增长知识，那又何乐而不为之？

欲为之者甚少，能为之者亦少。如果有闲有心者作些倡导，关键是对酒令的形式与内容进行革新，使之符合现代人的思维方式，也许真能开创一个酒令新时代。试想如果酒厂在酒瓶的包装中配上一些酒令，是不是会让饮者又多一分新鲜感受呢？

◎ 碧筒饮与解语杯

古人创造有不少雅致的饮食方法，增加许多乐趣，使人在饱腹之时精神也得到愉悦，达到和神的目的。历代好酒者有不少饮酒的招式，不断翻新的花样让人体味到酒之外的一些新滋味。

如《因话录》提到唐代宰相李宗闵设宴，有以荷杯行酒的情节，就很有趣味。这李少师与宾僚饮宴，暑月临水为席，以荷叶为酒杯。将盛满美酒的荷叶系紧，然后放在人嘴边，用筷子刺一孔饮下，如果一口喝不完则要重饮一次。

荷叶为杯，以筷子刺孔而饮，还不准洒漏，否则要挨罚，挨罚者当不在少数，皆大欢喜。以荷叶为杯的饮法最早出现在曹魏时代，当时有人设宴饮酒，用荷叶为杯，以簪刺透叶柄，以柄为管吸饮，称为"碧筒饮"，事见唐人所著的《酉阳杂俎》。那感觉按古人的说法，是"酒味杂莲气，香冷胜于水"。

苏东坡亦好此戏，也曾戏饮荷叶酒，并有诗记其趣，言"碧筒时作

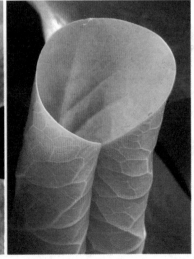

碧筒荷叶

象鼻弯，白酒微带荷心苦"。宋人林洪《山家清供》将用荷叶饮酒称之为"碧筒酒"，以为暑月泛舟，风薰日炽，畅饮碧筒，"真佳适也"。

元代张羽还有《碧筒饮诗》，诗句曰：采绿谁持作羽觞，使君亭上晚樽凉。玉茎沁露心微苦，翠盖擎云手亦香。饮水龟藏莲叶小，吸川鲸恨藕丝长。倾壶误展淋郎袖，笑绝耶溪窈窕娘。

荷叶能当酒杯，荷花也是可以作酒杯的，古人也曾有过尝试，另有味道。陶宗仪《辍耕录》说，有一种将酒杯放入荷花内再进饮的新奇方法，作者还亲口体味过，感觉很不错。方法是折正开荷花，置小金卮于其中，命歌姬捧以行酒。客人就歌姬手中取荷花，左手执枝，右手分开花瓣，以口就饮。陶宗仪说这荷花杯的风致又远在碧筒之上，名之为"解语杯"。

饮者闻到的有酒香、荷花香，清醇的感觉一定很美。唐人称荷花为解语花，所以这里就有了"解语杯"的雅名。解语花也是美人的代称，美人持解语杯行酒，这也就是美人杯了。

古人还有直接以果壳果皮作杯饮酒的，也极是雅致。林洪《山家清供》提及的香圆杯即是，说谢益斋其人虽不嗜酒，尝有"不饮但能著醉"之句，也就是说酒不等到喝进肚里就醉了。有时他

宋耀州窑青瓷荷叶高足盘

犀角碧筒杯

书余琴罢，让左右为他剖香圆作二杯，还刻上一些花纹，倒上皇帝所赐酒劝客人喝，味道清芬霭然，使人觉得金尊玉斝都比不上它。香圆果为长圆形，味酸不美，剖作酒杯，说它美在金玉之上，所言雅致而已。

《清异录》还提到五代后唐国君以新橘皮作"软金杯"事，用大半个橘子皮斟酒，情趣又与荷花香圆不同。国君高兴了，还拿这橘杯恩赐近传，作为褒奖。

◎从茶食到茶饮

茶树原产中国西南，现在的南中国种植十分普遍。取茶叶为饮料，古人传说始于黄帝时代。《神农本草经》云："神农尝百草，日遇七十二毒，得荼而解之。"荼即为茶，唐代以前无"茶"字，言茶茗常以"荼"代之。神农时代饮茶，只能算是一种推测，但这里说的是以茶解食毒，表明茶叶有可能最早是作为药物进入人类饮食生活的。《神农食经》有"茶茗久服，令人有力悦志"的说法，对茶叶的药理进行了阐发。这书自然也不是神农所撰，但大体可以反映汉代及汉代以前人们对茶叶的认识，饮用

芝麻豆子茶

确实在很早就开始了。

对茶的最早的可靠记述，是最早的一部字书《尔雅》，称茶为槚和苦荼。《尔雅》成书于汉代，假周公之名，但许多成说取自前代，所以不少人据此论证周代已形成饮茶风尚。不过《周礼》所列六饮和四饮中并无茶水之类，或者至少是周王室还并不那么崇尚饮茶，茶还不是必备之物。

茶叶作为饮料之前，可能曾作过食料，就是作为饮料以后，也常作食料使用，直到今天仍是如此。《晏子春秋·内篇杂下第六》说："晏子相齐景公，食脱粟之食，炙三弋五卵苔菜耳矣。"其中提到的苔菜，陆羽《茶经》引作"茗菜"，并被作为春秋时代食茶的证据。今人有认为茗菜、苔菜所指皆为茶的，贵州有茶树即名"苔茶"。如此说可信，那么春秋时代可能有以茶作菜的事。茶在古时还能入粥，做成茶粥，如西晋傅咸的《司隶教》即提到蜀妪在南方"作茶粥卖"的事，作为市肆食品的茶粥，当时可能是一种受重视的小吃。

现代西南地区的少数民族中，还有一些以茶入馔的吃茶习惯，无疑是古代食茶的遗风。如竹筒茶拌上油盐，或与大蒜同炒，用作下饭的菜；腌茶可拌可炒，亦可佐饭。湖南洞庭湖区盛行姜盐茶、芝麻豆子茶，也是将茶叶当菜吃下去。岂止是少数民族以茶当菜，现在的高级筵宴上也有用茶叶或茶汁烹制的名菜，如茶汁虾仁、碧螺虾仁、龙井虾仁、碧螺鱼片、碧螺炒蛋、龙井鸡丝、龙井鲍鱼、樟茶鸭子、云雾石鸡、毛峰熏鲥鱼、五香茶叶蛋等。

茶叶不作菜、不作药，而作为专用饮料的最早年代，不会晚于西汉。汉代的南方，尤其是西南地区，饮茶已蔚为风尚，不过那时见诸文字记载的茶事并不太多，只是在西汉辞赋家王褒所写的《僮约》中透露出了一些重要信息。王褒在去成都途中，投宿于亡友家中，亡友之妻杨惠热情非常，这使他十分高兴。王褒命杨氏家僮去买酒，家僮不从，理由是主人买他时只言定负责看家，并没说有买酒的事务。这下惹恼了王褒，商议从杨氏手中买走这个家僮，他要进行教训和惩罚。在主仆双方订立的契约上，明确规定家僮必须承担去集市买菜、煮茶和洗涤茶具的杂役，这便是《僮约》。由《僮约》可以看出，汉代人已将饮茶看作是一桩很重要的事情，茶已成为日常的重要饮料，而且已作为商品在市场上广为流通。

大约从魏晋时代起，茶与酪、酒一样，同为筵宴饮品中的佳品，史籍中甚至有以茶代酒的美谈。《晋中兴

书》说，晋时升任吏部尚书的陆纳，在任吴兴太守时，有一次卫将军谢安约好友来拜访他。他的侄子陆俶是个热心肠，对叔叔不准备筵席待客深感不安，但也不敢问明原因，自作主张地准备了一桌丰盛的酒菜，静候谢安的到来。谢安来了，陆纳只命人端上一杯茶来，再摆上一些茶果。陆俶见了，觉得过于寒酸，就赶紧将自己准备的酒菜端上来待客。侄子满以为这

汉王褒《僮约》书影

样一定能讨得叔叔的欢心，没想在客人告辞后，叔叔先逮住他打了四十大板，怒气冲冲地说："你不能为叔叔争光倒也罢了，却为何还要毁了我清淡的操行？"原来，陆纳追求的是淡泊，一杯茶水，成了士大夫们以清俭自用的标牌。茶在这个场合，已非一般的饮料，它的作用又有了升华。又如《晋书·桓温传》说，桓温任扬州太守时，生活比较节俭，每逢宴饮，只用七子攒盘摆些茶果。茶果就是饮茶时所用的点心，可见桓温亦是以茶代酒。酒宴前后，茶水是一种极好的辅助饮料，弘君举《食檄》云："寒温既毕，应下霜华之茗"，说的便是主宾见面，寒暄之后要献上清茶，这

大约是两晋时代形成的待客规矩，到现代依然是天经地义的习惯性礼仪。

两晋至南北朝时期，无论是平民或帝王，有不少嗜茶者，茶饮之风又甚于汉时。在八王之乱中蒙难的晋惠帝司马衷，曾饮过侍从们用瓦盂献给他的茶水（《晋四王遗事》）。齐武帝萧赜在他的遗诏中，明言死后"灵座上慎勿以牲为祭，但设饼果、茶饮、干饭、酒脯而已"（《南齐书·武帝纪》），要以茶饮作为供品，生前一定是很爱饮茶的。帝王爱茶，大臣、平民也爱茶，甚至以茶水祀鬼敬神。及至唐宋，饮茶更是蔚为风尚，那滋味，那感觉，又非前代可以比拟的了。

◎茶圣与茶经

盛唐时代以后，茶饮更为普及，南方和两京已形成"比屋之饮"的趋势，几乎是家家户户都饮茶。尤其是在陆羽《茶经》问世之后，饮茶很快成为无论贫富阶层都盛行的一种社会风尚。饮茶自经陆子倡导后，千多年来人们对此道的热情从未减退，还以此带动了许许多多的域外人。

陆羽，字鸿渐，唐代复州竟陵（今湖北天门）人。他本是一个弃

婴，被僧人收养在寺庙中。长大后他逃离出走，埋名隐姓，曾学演杂剧，成为伶师。青年时，他隐居浙江吴兴的苕溪，自称桑苎翁，阖门专心著书。在此期间，曾被朝廷召为太子文学和太常寺太祝，均未赴任。陆羽生性嗜茶，悉心钻研茶学，以精深学识写成《茶经》三卷，他因此而被后世奉之为茶神、茶圣。《茶经》成书1200多年以来，屡经翻刻，据不完全

统计，现存藏本多达一百六七十种，散佚版本还不知有多少。《茶经》影响远及国外，日韩美英都有许多藏本和译本。

　　陆子《茶经》集中唐以前茶学之大成，为中国最早的一部茶学百科全书。《茶经》追本寻源，首先谈及茶的历史名称、茶树的种植方法及茶叶的性味等，还列举了唐时分辨茶叶优劣的一些基本标准。唐代以野生茶叶为上品，而以园圃种植者稍次；野生茶又以向阳山坡林荫下生长的紫茶为上，色绿次之；由叶片形态观察，又以反卷者为佳，平舒者次之。这是陆羽的标准，也是唐时通行的标准。

　　陆羽在《茶经》中指出，茶味性寒，是败火的最佳饮料，不仅能解热渴，还可去烦闷、舒关节、长精神。不过他又特别指出，如果采摘季节

五代瓷塑陆羽像

《茶经》书影

不适，制作不精，那样的茶叶饮了不仅无益，反会使人生病。采制茶叶有专门的用具，茶叶制作要经采、蒸、捣、拍、焙等几道工序，要求很严。采茶最好的季节，在唐代认为是二至四月，时间也要合适，须赶在早晨露水干时采摘，天雨不得采，晴而有云亦不得采，否则会直接影响到成茶的质量。

读《茶经》文字可知，中国古代的茶道，至迟在唐代中叶已形成一套完整的体系，采茶、制茶、烹茶、饮茶，都有明确的规范，非常严谨。以烹茶为例，首先要求有一套特制的茶具，包括炉、釜、碾、杯、碗等。唐代茶具陆续见有出土，长安西明寺遗址曾发现过大茶碾，西安和平门外则发现过7件银质茶盏托。唐代茶具最重要的发现是在陕西扶风法门寺地宫，品种较为齐全。法门寺茶具均为银器，有烹煮茶汤用的风炉、镁、火筴、茶匙、则、熟盂，有点茶用的汤瓶、调达子，有碾茶罗茶用的茶碾和碾轴、茶罗，有贮茶用的盒，还有贮盐用的篦、盐食，有烘茶用的笼子，有饮茶用的茶托、茶杯等。这是一次空前的发现，于茶史研究极有意义。

按陆羽的说法，唐代所用茶杯时兴用玉青色的越瓷和岳瓷，盛上茶呈现白红之色。如用其他瓷系，效果便

唐代西明寺茶碾刻文拓本（陕西西安）

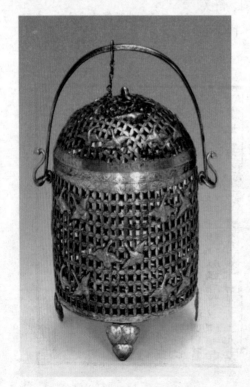

唐代鎏金银茶笼子（陕西扶风法门寺地宫）

不大理想，如邢州白瓷易使茶色发红，寿州黄瓷则使茶色发紫，洪州褐瓷又使茶色发黑，都不宜选用。茶叶在蒸捣后，用模具压制成饼状，饮用时先须用炭火烤热，但不得用染有腥气的木炭和朽木为燃料。茶叶烤热后要马上用纸袋封好，以防香气散失，要等到冷却后再碾为细末备用。现在一些少数民族烹茶，也有烤茶这个程序，应当是传承了唐人饮法的结果。

任何饮料都离不了基本原料水，水的品质对饮料的质量起着决定性的作用，现代是如此，古时亦如此，古人酿酒烹茶，都十分注意水的选用。

依《茶经》所说，唐人烹茶以为用山水最好，实际是矿泉水，其次是江水，井水最次，非不得已时不用。山水中又以乳泉浸沉者为上，瀑涌湍急者不能取用，令人生颈疾。山谷中停蓄的溪水也断不可取，防有毒害。如用江水，要到远离人居的地点去取；不得已用井水，则需在经常汲水的井中提取。

陆羽说，烹茶煮水有"三沸"之法。水沸微有响声，水面泛起色眼水泡，为一沸；水面边缘涌起连珠水泡，为二沸；水波翻涌如浪，是为三沸。烹茶以三沸之水最妙，如再煮下

唐代越窑青瓷茶托盏

唐代银茶碾（陕西扶风法门寺地宫）

去，水便老而不可饮了。初沸时要适量放些盐到水中，还要随时撇去水面泛起的浮沫。二沸时要舀起一瓢水来，然后用竹箲搅成漩涡，量好茶末沿漩涡中心倒下。不一会水便大沸，这时将二沸时舀出的那瓢水倒下止沸，不得用生水止沸。饮用时，将茶水酌入杯盏内，细细品味。唐人以为从釜中舀出的第一杯茶水味道最美，称为"隽永"，大约是指能给人无穷的回味。第四五碗又不如二三碗，不是极渴的人不会饮它。这么说来，有滋味的只是前三碗，这大概与我们今天所说的"头锅饺子二锅面"的道理相同。唐人饮茶通常是乘热连饮，以为凉茶已无精华之气，饮之不美。

陆羽《茶经》的问世，使唐宋茶道盛行，它影响到唐及后世政治、经济、军事、文化与社会生活各方面，这恐怕是作者始料未及的。自陆羽之后，历代茶学著作又出现许多，宋之《茶录》，明之《茶疏》，清之《茶笺》等，内容迭有翻新，但都是祖宗《茶经》里的。《茶经》给古今中国人带来实惠，也给全世界的人带来了实惠。美国人威廉·乌克斯在《茶叶全书》中说："中国人对茶叶问题，并不轻易与外国人交换意见，更不泄露生产制造方法。直至《茶经》问世，始将其真情完全表达"，"中国学者陆羽著述第一部完整关于茶叶之书籍，在当时中国农家以及世界有关者，俱受其惠"，正因为如此，"无人能否认陆羽之崇高地位"。

宋代梅尧臣有诗曰："自从陆羽生人间，人间相学事新茶。"如果没有陆羽，也可能有张羽或李羽，总归会有人完成这样的划时代的著作。但《茶经》毕竟由陆羽写成了，后代尊他为茶圣，他当之无愧。

◎斗茶

宋代饮茶风气极盛，茶成了人们日常生活中不可或缺的东西。《梦粱录》云："人家每日不可阙者，柴、米、油、盐、酱、醋、茶。"这是说的南宋临安的情形，也就是后来所说的俗语"开门七件事"，即便贫贱人家，一件也是少不得的。在临安城内，与酒肆并列的就有茶肆，茶馆布置高雅，室中摆置花架，安顿着奇松异卉。一些静雅的茶馆，往往是士大夫呼朋约友的好场所。街面上或小巷内，还有提着茶瓶沿门点茶的人，

宋代兔毫盏（河北磁县）

卖茶水一直卖到市民的家中。大街夜市上，还有车担设的"浮铺"，供给游人茶水，这大概属于"大碗茶"之类。

宋人的好茶，比起唐人可谓有过之而无不及。酒中有趣，茶中亦有趣。黄庭坚所作的《品令·咏茶》词，将宋人的烹茶饮茶之趣，写得十分深沉委婉，是茶词中一篇难得的佳作。词中有句云："味浓香永，醉香路，成佳境。恰如灯下故人，万里归来对影。口不能言，心下快活自省。"饮到美茶，如逢久别的故人，有一种说不清道不明的满足感。

宋人于茶中寻趣，还有斗茶之趣。士大夫们以品茶为乐，比试茶品的高下，称为斗茶。唐庚有一篇《斗茶记》，记几个相知一道品茶，以为乐事。各人带来自家拥有的好茶，在一起比试高低，"汲泉煮茗，取一时之适"。不过，谁要真的得了绝好的

茶品，却又不会轻易取出斗试。苏轼的词《月兔茶》即说：

环非环，块非块，
中有迷离月兔儿，
一似佳人裙上月。
月圆还缺缺还圆，
此月一缺圆何年？
君不见斗茶公子不忍斗小团，
上有双衔绶带双飞鸾。

"小团"为皇上专用的饼茶，得来不易，自然就舍不得碾碎去斗试了。斗茶雅事，由士大夫的圈子扩展到茶场，这就成了名副其实的斗试了。盛产贡茶的建溪，每年都要举行茶品大赛，这样的斗茶又多了一些火药味，又称之为"茗战"，用茶叶来决胜负。范仲淹有一首《斗茶歌》，写的正是建溪北苑斗茶，诗云："北苑将期献天子，林下雄豪先斗

兔毫盏盛茶，应当是这样的效果。

美。……斗茶味兮轻醍醐，斗茶香兮薄兰芷。其间品第胡能欺，十目视而十手指"。味过醍醐，香胜兰芷，要在众目睽睽之下决出茶品的高下。

原来建溪的斗茶，是为了斗出最好的茶品，作为贡茶贡到宫中，这样的斗茶大约是很严肃的。斗茶既斗色，也斗茶味、茶形，要进行全面鉴定。陆羽《茶经》说唐茶贵红，宋代则不同，茶色贵白。茶色白宜用黑盏，盏黑更能显出茶的本色，所以宋时流行绀黑瓷盏，青白盏有时也用，但斗试时绝对要用黑盏。宋代黑茶盏在河南、河北、山西、四川、广东、福建等地出土很多，其中有一种釉表

呈兔毫斑点的黑盏属最上品，称为"兔毫盏"，十分珍美。

斗茶品味与观色并重，宋代因此涌现出不少品茶高手。品出不同茶叶味道，判断出高低，也许并不是十分困难的事，不过要分辨色、形、味都很接近的品第，却又并不那么容易了，要品出几种混合茶的味道就更不易了。发明制作小龙小凤茶的蔡君谟，怀有品茶绝技，往往不待品饮，便能报出茶名。有一次一个县官请他饮小团茶，其间又来了一位客人，蔡氏不仅品出主人的茶中有小团味，而且还杂有大团。一问茶童，原来是起初只碾了够二人饮用的小团，知道又

宋代刘松年《斗茶图》

清代姚文瀚《卖浆图》

加了客人后，由于碾之不及，于是加进了一些大团茶。蔡氏的明识，使得县官佩服不已。

斗茶之趣吸引过诗人，也吸引了画家，元代赵孟頫摹有《斗茶图》一幅，可以看作是宋代斗茶的写实。图中绘四人担茶挑路行，相聚斗茶，也许就是四个茶场主，随带的有茶炉、茶瓶、茶盏，看样子马上就要决出高低来了。

斗茶风气的源起，似可上溯到五代时期。五代词人和凝官做到左仆射、太子太傅，位封鲁国公，他十分喜好饮茶，在朝中还成立了"汤社"，同僚之间请茶不请饭。这样的汤社，实际是以斗茶为乐趣。后来宋人斗茶风炽，可能与此有些关联。

宋代不仅有斗茶之趣，还有一种"茶百戏"，更是茶道中的奇术。据《清异录》说："近世有下汤运匕，别施妙决，使汤纹水脉成物像者，禽兽虫鱼花草之属，纤巧如画，但须臾即就散灭。"用茶匙一搅，即能使茶面生出各种图像，这样的点茶功夫，非一般人所能有，所以被称为"通神之艺"。更有甚者，还有人能在茶面幻化出诗文来，奇上加奇。当时有个叫福全的沙门有此奇功，"能注汤幻茶成一句诗，并点四瓯，共一绝句，泛乎汤表"。这简直近乎巫术了，虽然未必真有其事，但宋人茶艺之精，则是不容怀疑的。

宋代以后，饮茶一直被士大夫们当成是一种高雅的艺术享受。历史上

186

对饮茶的环境是很讲究的，如要求有凉台、静室、明窗、曲江、僧寺、道院、松风、竹月等。茶人的姿态也各有追求，或打坐，或行吟，或清谈，或掩卷。饮酒要有酒友，饮茶亦需茶伴，酒逢知己，茶遇识趣。若有佳茗而饮非其人，或有其人而未识真趣，也是扫兴。茶贵在品味，一饮而尽，不待辨味，那就是最俗气不过的了。

◎敦煌发现：《茶酒论》论酒茶

那是1899年的初夏，在敦煌千佛洞打开了一座封闭近千年的宝库，这便是著名的石室藏经洞。石室中发现了2万多卷藏书，其大部分都被劫掠到国外去了，这是中国近代文化史上最令人痛心的事件之一。

石室藏书绝大多数为佛教经典，也有经史子集四部书籍，以手写本最多，还有少量木刻本。此外还有大量的账簿、转帖和民间文学作品的写本。文学作品中包括有唐人的诗，唐末五代的词，内容最多的则是所谓"变文"。唐代寺院中盛行俗讲，是一种说唱体的表演形式，俗讲的话本，即为变文，变文也在民间广为流行。俗讲有说有唱，表演生动，多取材于佛经，也包括民间传说和历史故事。我们这里要谈到的《茶酒论》变文，也是出自敦煌石室的二篇重要的文献。时间过去将近100年了，因对石室藏书的深入研究而诞生了一个专门的学科——敦煌学，发表了大量论著，可是对这一篇《茶酒论》，却基本没有进行过什么研究。

《茶酒论》变文之所以不大引人注意，大约是它既非佛经，亦非经史子集类古籍，更不是引人入胜的历史故事。但是从饮食史这个角度来考察，它却是一篇不可多得的重要史料，很值得品味。

《茶酒论》通篇千余字，撰人题为"乡贡进士王敷"，抄写者为阎海真，二人事迹不详。抄写时间为"开宝三年壬申岁正月十四日"，开宝为宋太祖第三个年号，壬申岁当为开宝五年，而不是三年。抄本为北宋初年，写作的时代可以推定在唐代或稍晚。全篇以拟人化手法，写茶酒互相争功比高下，较为真切地反映了唐宋之际人们的茶酒观。全篇主旨，正在序文之中："暂问茶之与酒，两个谁有功勋？阿谁即合卑小，阿谁即合称尊？"问的是茶酒究竟谁的用处大。

首先发话的是茶，说茶为"百草之首，万木之花；贵之取蕊，重之拨芽。"茶的贵重还表现在"贡五侯宅，奉帝王家，时新献入，一世荣华"。茶虽在有唐以前就已成为很重要的饮料，但它的价值被普遍认识，还是在唐宋成为重要的贡品之时。王侯嗜茶，茶自然成了很珍贵的饮料；贡献名品新茶的人，也自然是高官得做，一世荣华了，这也是茶的尊贵之处。

酒则把茶不放在眼里，自以为高贵无比，说是"自古至今，茶贱酒贵"。酒的力量，可举"箪醪投河，三军告醉"的古典为证，所谓"君王饮之，呜呼万岁；群臣饮之，赐卿无畏。和死定生，神明散气"。"自合称尊，何劳比类"，说用茶来与酒相较，根本无法类比。

茶继而又说自己受到大众的普遍欢迎，"万国来求"，茶商充塞于途。酒则说自己也受到广泛喜爱，"礼让乡间，调和军府"。茶说饮茶能使人清心，饮酒会使人陷入深渊，"我之茗草，或白如玉，或似黄金。名僧大德，幽隐禅林，饮之语话，能去昏沉。供养弥勒，奉献观音，千劫万劫，诸佛相钦。酒能破家散宅，广作邪淫，打却三盏已后，令人只是罪

深"。唐人坐禅供佛，都要用茶，香茶确为清心涤昏之饮，有唐诗为证：

洁性不可汙，为饮涤尘烦。
　　——韦应物：《喜园中茶生》

洗我胸中幽思清，
鬼神应愁歌欲成。
　　——秦韬玉：《采茶歌》

素瓷雪色飘沫香，
何似诸仙琼蕊浆。
一饮涤昏寐，情思爽朗满天地；
再饮清我神，忽如飞雨洒轻尘；
三饮便得道，何须苦心破烦恼。
此物清高世莫知，
世人饮酒徒自欺。
　　——释皎然：《饮茶歌诮崔石使君》

从皎然的诗看来，《茶酒论》所道茶的功用，与佛家的看法如出一辙，后来名山有名寺，名寺有名茶，与唐代寺院提倡饮茶的做法是分不开的。

茶说茶能涤昏、酒能昏乱，所以俚俗有言"男儿十四五，莫与酒家亲。君不见生生鸟，为酒丧其身？"更有不少人，酒醉闹出人命官司，免不了皮肉受苦。

酒不甘下风，道出自己为人带来

的乐趣："酒通贵人，公卿所慕。曾道赵王弹琴，秦王击缶，不可把茶请歌，不可为茶交舞"。谁也不会举着茶杯高歌一曲，此言也未必没有道理。酒还对茶说："岂不见古人才子，吟诗尽道：渴来一盏，能生养命。又道：酒是消愁药；又道：酒能养贤。"酒也说吃茶未必没有坏处："茶吃只是腰疼，多吃令人患肚，一日打却十杯，肠胀又同衙鼓。"酒是消愁药，这话也是事实，曹操就深得其中奥秘，所谓"何以解忧，惟有杜康"。唐人嗜酒，文人嗜酒，亦可由

唐诗窥知：

闻君新酒熟，况值菊花秋。
莫怪平生志，图销尽日愁。
——元稹 《饮新酒》

三杯通大道，一斗合自然，
但得醉中趣，勿为醒者传。
……
穷愁千万端，美酒三百杯，
愁多酒虽少，酒倾愁不来。
——李白 《月下独酌》

唐代《茶酒论》变文（甘肃敦煌）

春来酒味浓，举酒对春丛。
一酌千忧散，三杯万事空。
　　　　——贾至　《对酒曲》

借酒消愁，有时是能起些作用的，否则李白不会在他的名篇中写出"五花马，千金裘，呼儿将出换美酒，与尔同销万古愁"这样的诗句。不过这"消愁药"又并非那么万能，有时又并不能起到什么作用。所以同是一个李白，还曾深有感触地写下了"抽刀断水水更流，举杯消愁愁更愁"。当然历代文人在酒中领略到的真趣主要还是在"消愁"这一点上，追求的是一种自我麻醉的心境，像宋代陆游《对酒》诗中所说的"闲愁如飞雪，入酒即消融"的感受，可那却是短暂的，酒过之后，闲愁并未消融。

茶酒互争高低，还体现在各自的经济价值上。茶对酒说，茶叶一上市，人们争相购买，说话间就能发财。酒对茶说，茶水三文钱就能买一大缸，"何年得富"？"茶贱三文五碗，酒贱盅半七文。"这是说酒价再贱，也比茶要贵重得多。

变文末尾，又出来一位"水"，摆出一种更是了不起的架势，自以为比茶酒又要高出一头，水洋洋得意地说："人生四大，地水火风。茶不得

水，作何相貌？酒不得水，作甚形容？米曲干吃，损人肠胃；茶片干吃，只砺破喉咙"。水的威力自然使茶酒愧叹不如，"亦能漂荡大地，亦能涸熬鱼龙"。水对茶酒还有这么几句劝诫："从今以后，切须和同，酒店发富，茶坊不穷。长为兄弟，须得始终。"和睦相处，不必言词相毁，道西说东。

茶与酒在古代中国是两种最常用的饮料，现代亦是如此。古人对茶酒的评说，变文《茶酒论》大体都反映出来了，或者可以说，变文反映的就是唐人的茶酒观。唐人爱酒亦爱茶，自这《茶酒论》中已是看得很清楚。对茶酒长短的评说，这篇文字也应当说大致是公允的，已经阐明了茶不能多喝、酒不可多饮的道理，提醒人们要多多注意，才能"永世不害酒癫茶疯"。

饮酒过多，并无益处，不仅不能消愁，还会危及健康，这一点酒徒们未必不知。唐代有狂饮的酒八仙，也有并不那么好酒的文人雅士。诗人陆龟蒙饮酒，一次饮醉，便不再饮酒，待客仅置空壶空杯而已（《新唐书·隐逸传》）。唐代也有以茶代酒的美谈，文友相聚，不摆酒宴设茶宴。吕温《三月三日茶宴序》就记述了这样的一次茶宴，三月三日禊饮之

日，"诸子议以茶酌而代"，"乃命酌香沫浮素杯，殷凝琥珀之色，不令人醉，微觉清思，虽五云仙浆，无复加也"。自以为是"尘外之赏"，诗兴陡起，并不亚于酒宴，酒中之趣在茶中也能寻觅得到。

唐人爱茶，尤其自陆羽著《茶经》之后，饮茶逐渐成为一种时尚，但是不饮者和反对饮茶者也并非无有。例如唐玄宗时的右补阙毋煚，就是个不喜欢饮茶的人，他写过一篇《代茶饮序》，列举饮茶的坏处，反对将茶作为必备的饮料。他说："释滞消壅，一日之利暂佳；清气侵精，终身之累斯大。获益则归功茶力，贻患则不谓茶灾，岂非福近易知，祸远难见？"（《大唐新语》）他认为饮茶得益小而致祸巨，叫人慎饮，不可贪图一时的痛快。

可见《茶酒论》变文的出现，确有它的社会背景。《茶酒论》在广为传抄与传唱的过程中，又会越来越深入人心。从商业角度来看，《茶酒论》又是一篇生动的广告词，它在引导当时人们的消费方面，一定起到了一些作用。在变文结尾，作者的立场既未偏向茶，也未偏向酒，而是希望茶酒能共存，希望茶酒生意共同繁荣；告诫人们在享用茶酒时，也别忘了它们可能带来的副作用。

总之，《茶酒论》变文是一篇十分难得的饮食史料，它所阐明的意旨，即便放在今天来看，也还具有可取之处。